编委会

丛书总主编：赵彦军　张德龙

主　　编：杨晋宁

副 主 编：王　娟　罗晓琳

参编人员：何　宁　陈亚军

汽车发动机构造与检修实训

QICHE FADONGJI GOUZAO YU JIANXIU SHIXUN

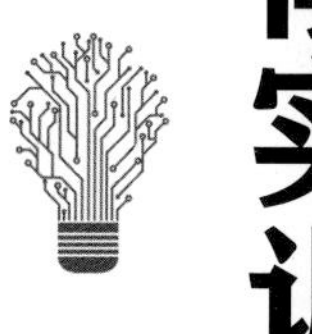

高等职业院校实训系列教材

主　编　杨晋宁

副主编　王　娟　罗晓琳

图书在版编目（CIP）数据

汽车发动机构造与检修实训 / 杨晋宁主编. -- 兰州 : 兰州大学出版社, 2024. 8. -- (高等职业院校实训系列教材 / 赵彦军, 张德龙总主编). -- ISBN 978-7-311-06698-7

Ⅰ. U472.43

中国国家版本馆 CIP 数据核字第 2024PA7250 号

责任编辑　米宝琴
封面设计　倪德龙

书　　名　汽车发动机构造与检修实训
作　　者　杨晋宁　主　编
出版发行　兰州大学出版社　（地址:兰州市天水南路222号　730000）
电　　话　0931-8912613(总编办公室)　0931-8617156(营销中心)
网　　址　http://press.lzu.edu.cn
电子信箱　press@lzu.edu.cn
印　　刷　兰州银声印务有限公司
开　　本　787 mm×1092 mm　1/16
印　　张　14
字　　数　274千
版　　次　2024年8月第1版
印　　次　2024年8月第1次印刷
书　　号　ISBN 978-7-311-06698-7
定　　价　58.00元

Preface 前言

近年来，随着汽车工业的发展及一系列政策的连续出台，新知识、新技术、新工艺和新材料层出不穷且不断应用到汽车生产制造和汽车维修行业。这也标志着国家对教育、教材的重视程度进入了前所未有的历史高度，这也意味着教师的教学模式和学生的学习方式都将发生一系列变化。甘肃机电职业技术学院为了适应新形势下的教学需求，进一步提升高职院校汽车专业学生的技能水平与素质，深度发挥校企双方在技能人才培养、现代学徒制等方面的“双主体”作用，推动产、学、研、教、训全方位发展，基于此，我们依托“奥迪学院”，采用校企合作“双元”开发模式，编写了《汽车发动机构造与检修实训》教材。该教材主要以项目式展开实训任务，其中包含重点理论剖析、发动机各大系统透视及解剖图；同时配套有部分实操视频资源，着力构建教材的立体化素材库，体现“互联网+”的实训教材新理念。

本书涵盖了汽车发动机构造与检修的知识，并根据我校校企合作实际，针对“奥迪订单班”介绍了目前市场上奥迪主流发动机的检修与拆装，内容全面，实用性强，既有一定的理论知识，又加大突出了实际操作性，有助于提高学生的专业水平和实际动手能力。本书可作为职业院校汽车专业实训指导教材，也可供汽车维修技工学习参考或作为培训教材使用。

参加本教材编写的有：杨晋宁（项目一、八），王娟（项目二、三、四），何宁（项目五、六），罗晓琳（项目七），同时特别感谢甘肃中盛奥华汽车销售服务有限公司对本教材的技术支持。

由于编者水平有限，书中难免存有疏漏，希望使用本教材的读者提出宝贵的意见，以供下次修改参考。

编者

2024年4月

本教材配套微课资源使用说明

针对本教材配套微课资源的使用，特做如下说明：本教材配套的微课资源以二维码形式呈现，手机扫描即可进行相应知识点的学习。

具体微课名称及扫码位置如下：

序号	微课名称	扫码位置
1	发动机各部件识别	第3页
2	活塞环拆装专用工具的使用	第17页
3	活塞环压缩器的使用	第18页
4	气门锁片拆装专用工具的使用	第19页
5	气缸盖螺栓的拆卸	第34页
6	气缸盖平面度的测量	第36页
7	气缸盖固定螺栓的测量	第37页
8	活塞裙部的测量	第49页
9	活塞环端隙、侧隙的测量	第50页
10	主轴承盖螺栓的拆卸	第62页
11	曲轴的安装	第65页
12	进、排气门的拆卸	第76页
13	气门的测量	第78页

序号	微课名称	扫码位置
14	凸轮轴的拆卸	第 87 页
15	凸轮轴凸顶高度的测量	第 89 页
16	冷却液液面的检查	第 100 页
17	水泵的拆卸	第 104 页
18	机油泵的拆装	第 114 页
19	机油滤清器的更换	第 115 页
20	油轨的拆卸	第 124 页
21	喷油器的电阻检测	第 126 页
22	点火过程检修	第 136 页
23	点火系统线束检测	第 138 页
24	示波器读取点火波形	第 143 页
25	火花塞拆装	第 151 页
26	火花塞检查	第 153 页
27	空气流量传感器的检测	第 171 页
28	曲轴位置传感器的检测	第 172 页
29	凸轮轴位置传感器的检测	第 174 页
30	节气门位置传感器的检测	第 176 页
31	冷却液温度传感器的检测	第 178 页
32	爆燃传感器的检测	第 180 页

Contents 目 录

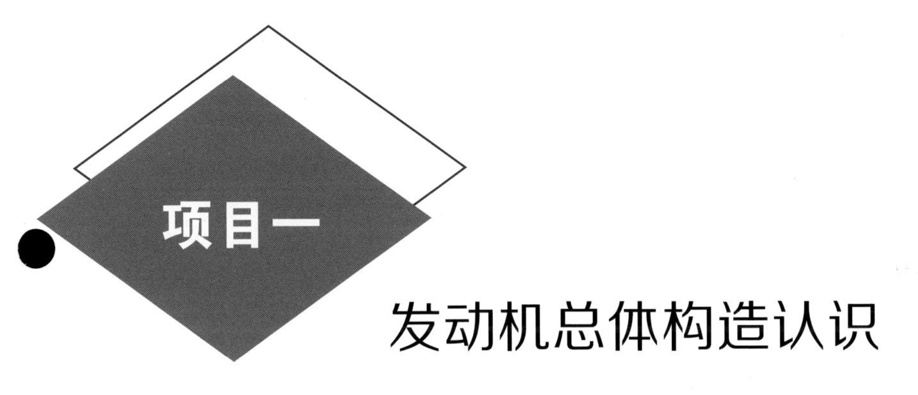

发动机总体构造认识

思政讲堂

中国工程院院士郭孔辉，作为中国汽车轮胎力学的奠基人，他放弃千万身家，投身汽车工程的建设与研发，见证了中国汽车工业半个多世纪的发展，为当代科研人员树立了一个永恒的标杆。同学们要学习他崇高的爱国精神和积极向上的人生态度。

实训目标

（1）掌握汽车的总体构造，能够对照实车指出发动机的组成。

（2）能够熟练使用工具拆卸发动机。

（3）通过实践操作，培养学生精益求精的工匠精神，养成服从管理、规范作业的工作习惯。

任务一　发动机总体构造

任务介绍

本节内容在同学们学习了汽车总体构造理论知识的基础上，以四冲程汽油发动机为例，拆卸曲柄连杆机构和配气机构，识别两大机构各组成部分的名称。

任务分析

本节内容主要介绍发动机的基本构造、发动机基本术语等，同学们要重点掌握发动机总体构造。

相关知识

一、汽车的总体构造

汽车的总体构造主要由发动机、底盘、电气设备和车身等部分组成。

发动机是汽车的动力装置，使供入其中的燃料燃烧而发出动力。

底盘是将发动机输出的动力传给驱动车轮，支承全车并保证汽车正常行驶的装置，包括传动系统、行驶系统、转向系统、制动系统四个部分。

电气设备包括汽车点火、起动、电源、照明、仪表、信号、报警、空调装置等。

车身是驾驶员工作和装载乘客、货物的空间。

二、发动机的概念

发动机是给汽车提供动力的部件，是汽车的核心组成。它先将燃料燃烧，使燃料的化学能转化成热能，最终转变为机械能并输出，发动机示意图如图 1-1 所示。

图 1-1　发动机示意图

三、发动机基本构造

汽油机包括两大机构和五大系统：曲柄连杆机构、配气机构，燃料供给系统、润滑系统、冷却系统、点火系统和起动系统。

四、发动机基本术语

发动机基本术语主要包括：上止点、下止点、冲程、气缸工作容积、燃烧室容积、气缸总容积、排量、压缩比等，发动机相关术语如图 1-2 所示。

发动机各部件识别

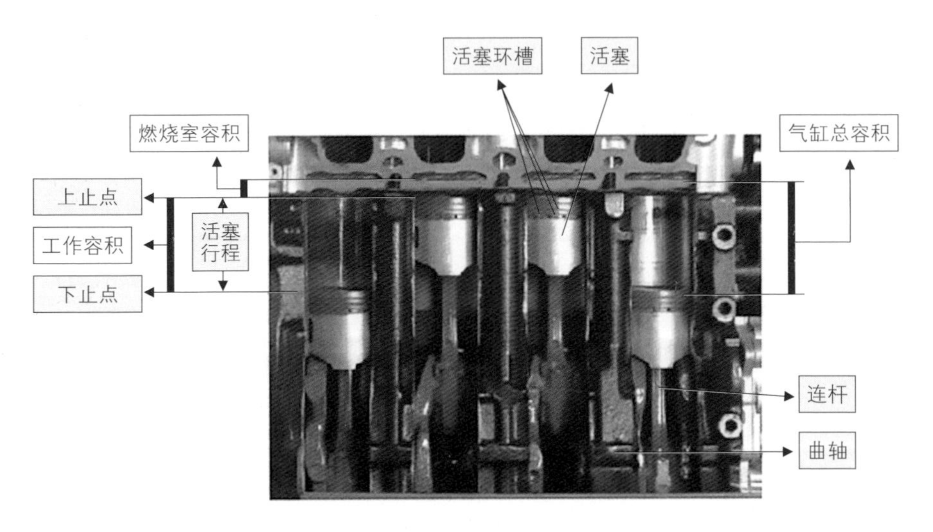

图 1-2　发动机相关术语图示

上止点：活塞在气缸内做往返运动时，活塞顶部距离曲轴旋转中心最远的位置。

下止点：活塞在气缸内做往返运动时，活塞顶部距离曲轴旋转中心最近的位置。

冲程：活塞从一个止点移动到另一个止点的过程。

气缸工作容积：活塞从一个止点运动到另一个止点所扫过的容积。

燃烧室容积：活塞位于上止点时，其顶部与气缸盖之间的容积。

气缸总容积：气缸工作容积与燃烧室容积之和。

排量：多缸发动机各缸工作容积的总和，称为发动机排量。

压缩比：气缸总容积与燃烧室容积之比，它表示活塞从下止点移到上止点时气缸内气体被压缩的程度。

实践操作

一、实训器材

实训车辆、发动机实训台架、常用维修工具和维修手册等。

二、作业准备

（1）预先拆下发动机两大机构。

（2）将实训车辆停放到相应位置，工量具摆放整齐。

三、操作步骤

（1）找出曲柄连杆机构在发动机中的位置。

（2）找出配气机构在发动机中的位置。

（3）找出起动系统的位置。

（4）找出冷却系统的位置。

（5）找出润滑系统的位置。

（6）找出燃油供给系统的位置。

（7）找出点火系统的位置。

思考与练习

（1）在图1-3中标出曲柄连杆机构各部件的名称。

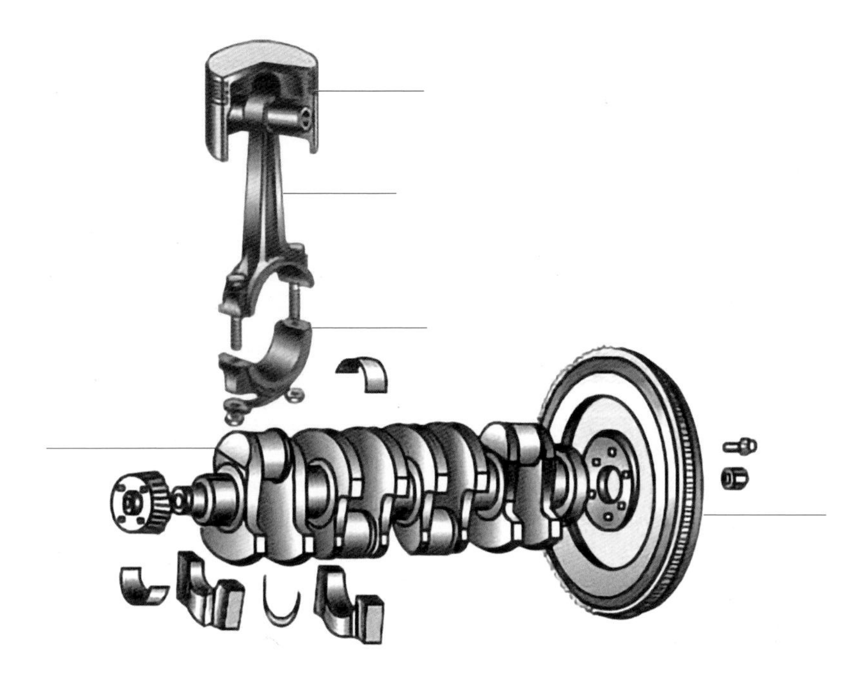

图1-3　曲柄连杆机构各部件

（2）在图1-4中标出配气机构各部件的名称。

图1-4　配气机构各部件

任务一工单　发动机总体构造

1.任务分组

班级		组号		指导老师	
组长		学号			
小组成员	姓名	学号	角色分工		
			监护人员		
			操作人员		
			记录人员		
			评分人员		

2.任务准备

实训注意事项：

（1）进入实训车间应穿戴工作服、工作鞋，不可佩戴手表、钥匙等金属配饰，以免划伤实训设备。

（2）学生操作时，必须有教师进行指导和监护。

（3）注意工具的正确使用和摆放，以防掉落伤人。

实训工具准备：

实训车辆、工具箱、世达120件套、座椅三件套、翼子板布和前格栅布、手套。

防护准备：

进入实训场地的教师和学生须全部穿实训服。

3.任务实施

学生在教师的指导下完成分组，小组成员合理分工，完成发动机总体构造实训操作任务。

序号	作业内容	具体作业要求	结果记录
1	实训环境检查	拆装工具是否齐全	
		发动机安装是否安全	

序号	作业内容	具体作业要求	结果记录
2	正确拆卸两大机构	曲柄连杆机构	
		配气机构	
3	正确指认发动机各系统	润滑系统	
		燃油供给系统	
		冷却系统	
		起动系统	
		点火系统	

4. 考核评价

序号	技能要求	评分细则	配分	等级	得分
1	安全实训	（1）能进行工位7S操作 （2）能进行设备工具安全检查 （3）能进行场地及设备安全防护操作 （4）能进行工具清洁、校准、存放操作 （5）能进行三不落地操作	15	未完成1项扣3分，扣分不得超过15分	
2	技能操作	能正确地认识两大机构、五大系统	50	未完成1项扣3分，扣分不得超过50分	
3	工具及设备的使用	（1）能正确地选用维修工具 （2）能正确地使用维修工具	10	未完成1项扣2分，扣分不得超过10分	
4	资料查询	（1）能正确地识读维修手册查询资料 （2）能正确地使用用户手册查询资料 （3）能正确地记录所查询的章节及页码 （4）能正确地记录所需维修信息	10	未完成1项扣2分，扣分不得超过10分	
5	数据分析	能判断两大机构、五大系统的具体位置	10	未完成1项扣2分，扣分不得超过10分	
6	表单填写	（1）字迹清晰 （2）语句通顺 （3）无错别字 （4）无涂改 （5）无抄袭	5	未完成1项扣1分，扣分不得超过5分	

任务二　发动机基本工作原理

任务介绍

本节内容在同学们学习发动机总体构造理论知识的基础上，以四冲程发动机为例，详细介绍发动机的工作过程，通过发动机工作过程的演示，让同学们掌握发动机的工作原理，并为后续发动机故障诊断与排除奠定基础。

任务分析

通过“理实一体”的方式完成本节任务，发动机工作过程授课时运用图片、视频等信息化手段，能够更加直观的展示细节，也加深了同学们对发动机工作过程的理解。

相关知识

发动机工作过程是将热能转化为机械能的过程，经进气、压缩、做功和排气四个行程来完成一个工作循环。曲轴旋转两周、活塞往复四个行程完成一个工作循环的发动机称为四冲程发动机。四冲程发动机包括四冲程汽油发动机和四冲程柴油发动机。

四冲程汽油发动机的工作过程包含进气、压缩、做功、排气四个行程。

一、进气行程

活塞在曲轴的带动下从上止点向下止点运动，此时排气门关闭，进气门开启。活塞向下移动过程中，气缸容积逐渐增大，形成一定的真空度，可燃混合气进入气缸。活塞到达下止点时，进气门关闭，停止进气。进气行程如图1–5所示。

二、压缩行程

进气行程结束时，活塞在曲轴的带动下，继续运动，从下止点向上止点运动，此时，进排气门均关闭，气缸容积逐渐减小，可燃混合气被压缩，如图1–6所示，至活塞到达上止点时，压缩行程结束。

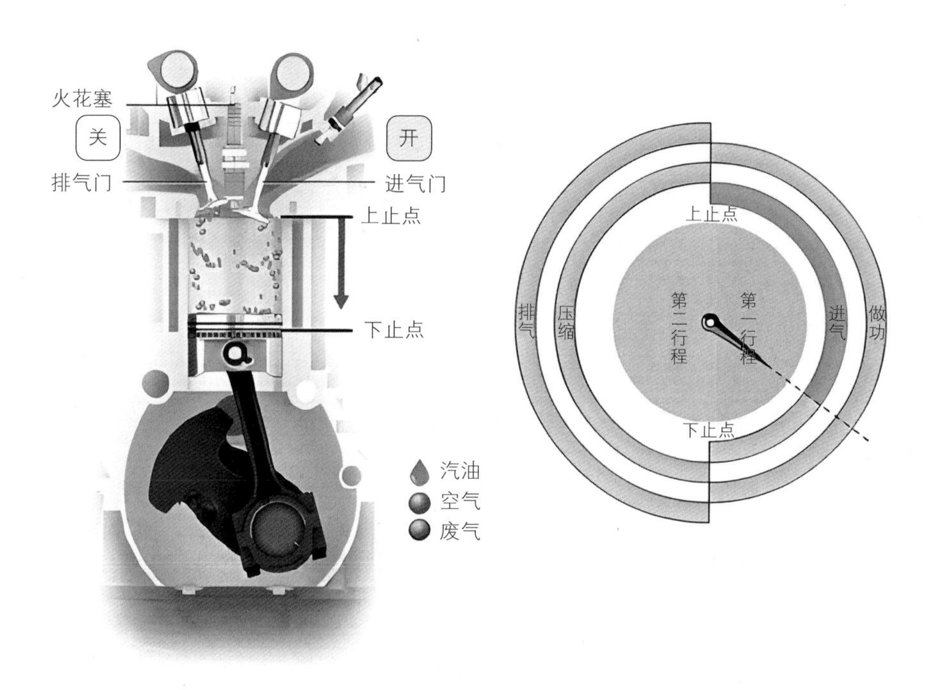

图1-5　进气行程

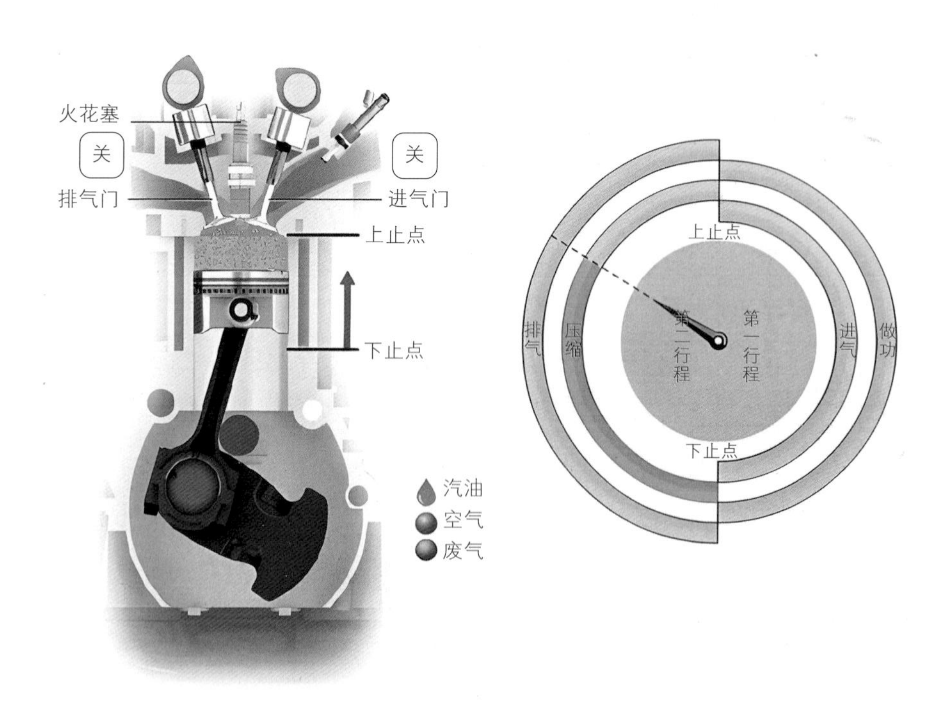

图1-6　压缩行程

三、做功行程

压缩行程末，安装在气缸盖上的火花塞产生电火花，点燃可燃混合气，火焰迅速传遍整个燃烧室，同时放出大量的热能。气缸内正燃烧的气体体积迅速膨胀，压力和温度急剧上升，从而推动活塞从上止点向下止点运动，并通过连杆推动曲轴旋转做功，至活塞到达下止点时做功结束。整个做功行程，进排气门均关闭，具体如图1-7所示。

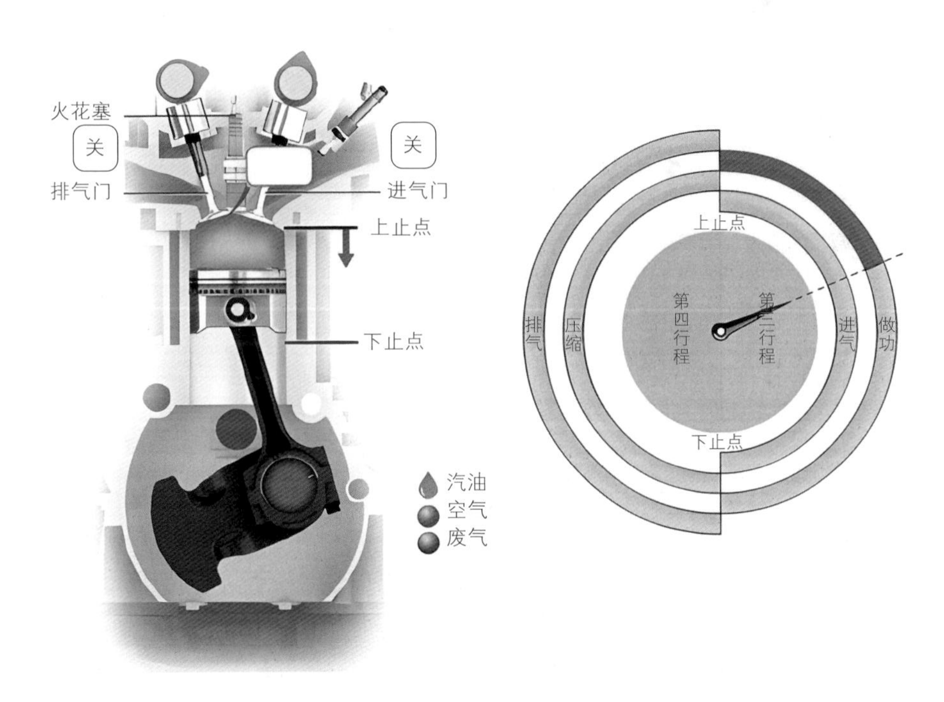

图1-7　做功行程

四、排气行程

做功行程结束时，排气行程开始，排气门打开，进气门仍然关闭，活塞在曲轴的带动下由下止点向上止点运动，废气在其自身剩余压力和活塞的推动下，自排气门排出气缸。当活塞到达上止点时，排气行程结束，排气门关闭，具体如图1-8所示。

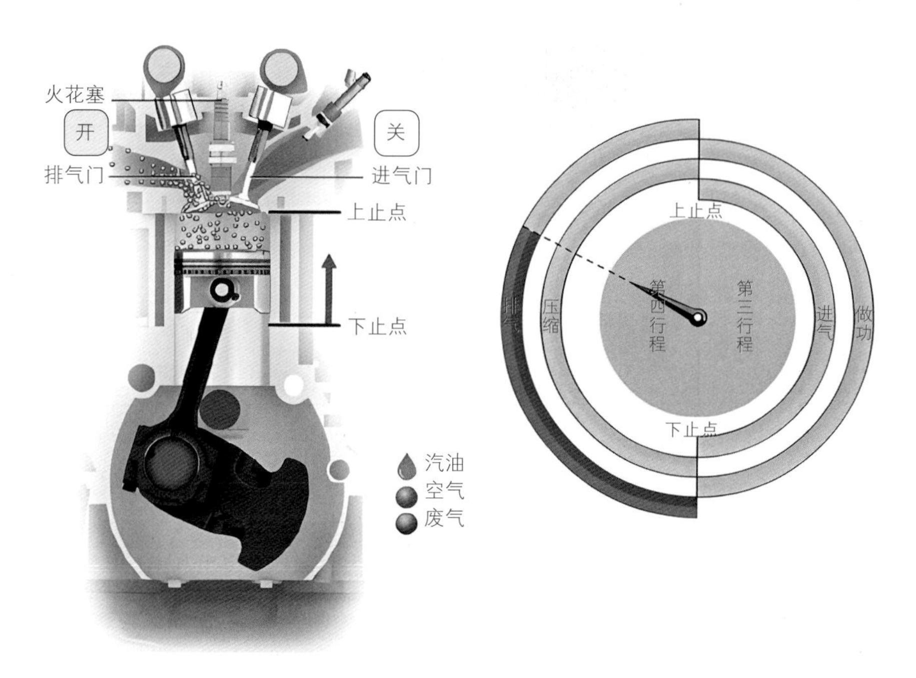

图1-8　排气行程

实践操作

教师在学生掌握理论知识的基础上，带领他们完成实践操作，具体操作步骤如下：

（1）集合：实训教师讲解实训室安全相关知识以及实训过程中操作基本要求和注意事项。

（2）分组：选出小组长，发放实训工单。

（3）车间安全检查：检查设备的维护情况、举升机的维修与使用记录，检查消防栓和灭火器，检查安全通道是否畅通。

（4）回到工位，观看发动机拆解视频。

（5）观看发动机工作原理视频。

（6）实训教师讲解视频中的操作要点。

（7）实训教师演示操作并再次强调操作要点。

（8）学生分组练习。

（9）用评价量表考核评价。

（10）恢复工位，整理工具，归还。

（11）打扫实训室卫生。

思考与练习

四冲程柴油发动机工作过程是怎么样的？它和汽油发动机工作过程有什么异同？

任务二工单　发动机工作原理

1.任务分组

班级		组号		指导老师	
组长		学号			
小组成员	姓名	学号	角色分工		
			监护人员		
			操作人员		
			记录人员		
			评分人员		

2.任务准备

实训注意事项：

（1）进入实训车间应穿戴工作服、工作鞋，不可佩戴手表、钥匙等金属配饰，以免划伤实训设备。

（2）学生操作时，必须有教师进行指导和监护。

（3）注意工具的正确使用和摆放，以防掉落伤人。

实训工具准备：

实训车辆、工具箱、世达120件套、座椅三件套、翼子板布和前格栅布、手套。

防护准备：

进入实训场地的教师和学生须全部穿实训服。

3.任务实施

学生在教师的指导下完成分组，小组成员合理分工，完成发动机工作原理实训操作任务。

序号	作业内容	具体作业要求	结果记录
1	实训环境检查	安全设施检查	
		拆装工具检查	
		实训车辆检查	

序号	作业内容	具体作业要求	结果记录
2	正确指认位置	发动机的安装位置	
		进、排气门位置	
3	发动机工作过程分析	进气行程	
		压缩行程	
		做功行程	
		排气行程	

4. 考核评价

序号	技能要求	评分细则	配分	等级	得分
1	安全实训	（1）能进行工位7S操作 （2）能进行设备工具安全检查 （3）能进行场地及设备安全防护操作 （4）能进行工具清洁、校准、存放操作 （5）能进行三不落地操作	15	未完成1项扣3分，扣分不得超过15分	
2	技能操作	作业1 能正确指认发动机的位置 作业2 （1）能正确指认进气门的位置 （2）能正确指认排气门的位置 作业3 （1）能正确描述进气行程进、排气门的状态 （2）能正确描述压缩行程进、排气门的状态 （3）能正确描述做功行程进、排气门的状态 （4）能正确描述排气行程进、排气门的状态	38	未完成1项扣5分，扣分不得超过38分	
3	工具及设备的使用	（1）能正确选用维修工具 （2）能正确使用维修工具	10	未完成1项扣5分，扣分不得超过10分	
4	资料查询	（1）能正确识读维修手册查询资料 （2）能正确使用用户手册查询资料 （3）能正确记录所查询的章节及页码 （4）能正确记录所需维修信息	12	未完成1项扣3分，扣分不得超过12分	

序号	技能要求	评分细则	配分	等级	得分
5	数据分析	（1）能正确分析进气行程 （2）能正确分析压缩行程 （3）能正确分析做功行程 （4）能正确分析排气行程	20	未完成1项扣5分，扣分不得超过20分	
6	表单填写	（1）字迹清晰 （2）语句通顺 （3）无错别字 （4）无涂改 （5）无抄袭	5	未完成1项扣1分，扣分不得超过5分	

任务三　发动机拆装基础知识

任务介绍

本节内容将给同学们详细介绍一般发动机拆装过程及步骤。

任务分析

通过本任务的学习，同学们须掌握发动机拆装步骤，认识发动机常用的拆装工具，为后期发动机各部件的检修做好准备。

相关知识

一、活塞装卸工具

（一）活塞环装卸钳

活塞环装卸钳主要用于从活塞环槽中取出或装入活塞环，常用活塞环装卸钳的外形如图1-9所示。使用活塞环装卸钳时：用环卡卡住活塞环开口间隙，轻握手柄慢慢收缩，活塞环会逐渐张开，当其略大于活塞直径时，可将活塞环从环槽内装入或取出，操作如图1-10所示。

活塞环拆装专用工具的使用

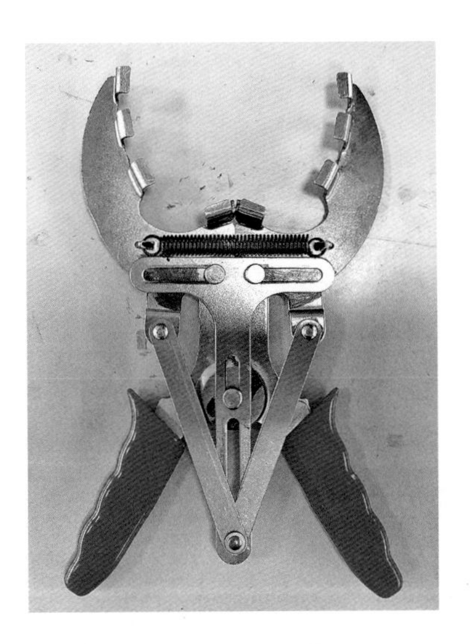

图1-9　活塞环装卸钳

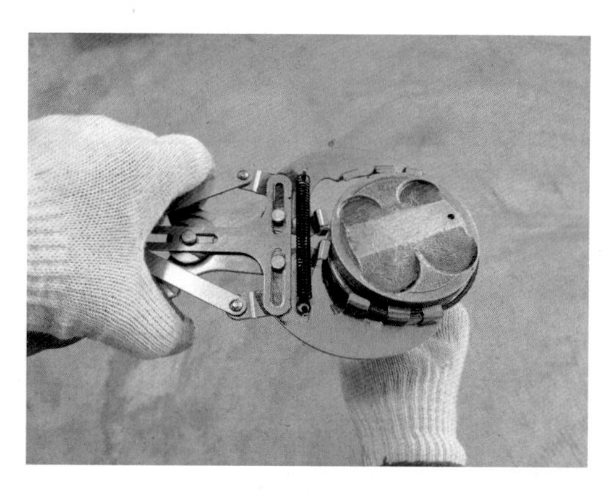

图1-10　使用活塞环装卸钳取出、装入活塞环

（二）活塞环压缩器

活塞环压缩器一般用带有刚性的铁皮制成，外形如图1-11所示。活塞环压缩器的大小、型号有所不同，选用时要根据活塞的直径选择合适的压缩器。使用活塞环压缩器将活塞连杆组装入发动机气缸的方法如图1-12所示。

活塞环压缩器的使用

图1-11　活塞环压缩器

图1-12　使用活塞环压缩器将活塞连杆组装入发动机气缸的方法

二、气门弹簧钳

气门弹簧钳是用于拆装气门的专用工具，最常见的如图1-13所示，具体使用方法如图1-14所示。

气门锁片拆装专用工具的使用

图1-13　气门弹簧钳

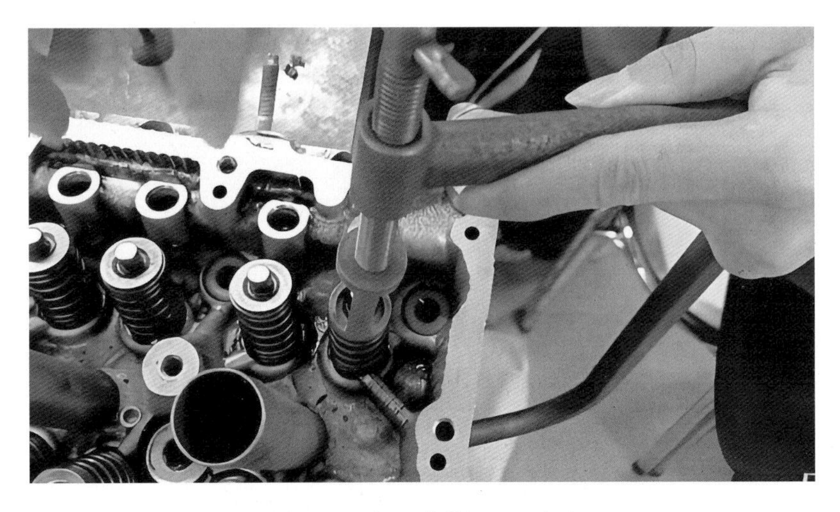

图1-14　气门弹簧钳使用方法

三、机油滤清器扳手

（一）杯式机油滤清器扳手

这种滤清器扳手类似一个大型套筒，如图1-15所示。其使用方法同套筒扳手。

（二）环形机油滤清器扳手

环形机油滤清器扳手结构为一个可调大小的环形，环形内侧设计为锯齿状，如图1-16所示。

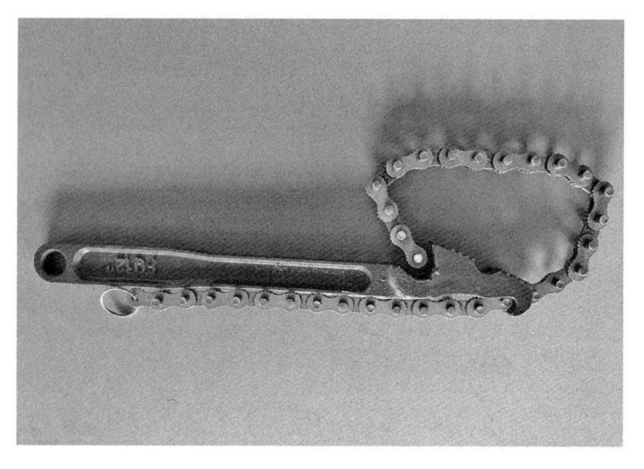

图 1-15　杯式机油滤清器扳手　　图 1-16　环式机油滤清器扳手

四、火花塞套筒

火花塞套筒专用于火花塞的拆卸及更换，如图 1-17 所示。安装火花塞时，为了确保火花塞能正常地装入缸盖中，首先要用手仔细地旋转套筒，使火花塞螺纹带入后，再用配套手柄将其紧固。

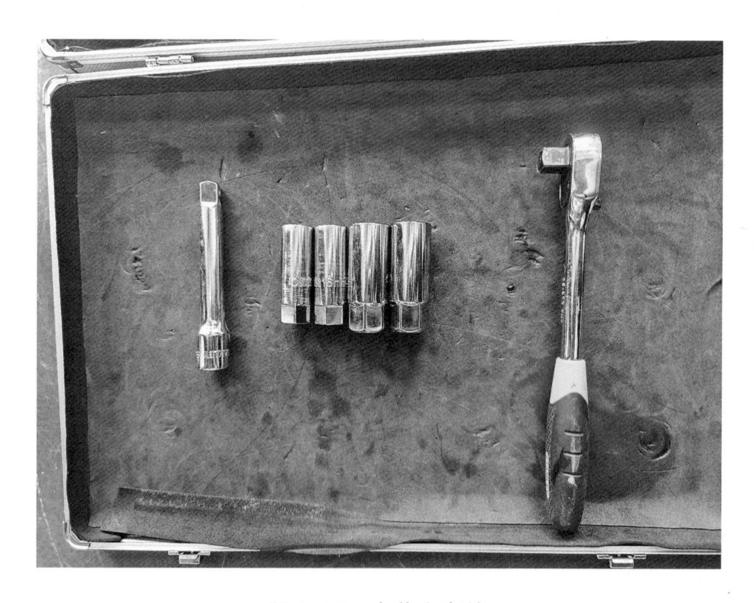

图 1-17　火花塞套筒

实践操作

一、拆卸发动机附件

发动机机体组包括气门室盖、气缸盖、气缸体和油底壳等，以及各种油液管路及密封件，如图 1-18 所示。

一般拆卸注意事项为：

（1）按照规定的顺序预松拆卸排气歧管固定螺栓。

（2）按照规定的顺序预松拆卸进气歧管固定螺栓。

（3）按照规定的顺序预松拆卸水泵固定螺栓。

（4）按照规定的顺序预松拆卸发电机固定螺栓。

（5）拆卸点火线圈组件。

（6）按照规定的顺序预松拆卸气门室罩盖固定螺栓。

（7）调整曲轴正时标记点，使曲轴皮带轮正时标记点与发动机前端盖上标记点对齐。

（8）固定飞轮拆卸曲轴皮带轮。

图1-18　汽油发动机结构

二、拆卸气缸盖

一般拆卸步骤为：

（1）如图1-19所示，按照规定顺序拆卸发动机前端盖固定螺栓。

（2）按照规定顺序拆卸张紧器。

（3）拆卸曲轴正时链条挡板。

（4）拆卸曲轴正时链条。

（5）按照规定顺序拆卸凸轮轴轴承盖，并取下凸轮轴。

（6）按照规定顺序拆卸油底壳固定螺栓。

（7）拆卸集滤器。

（8）按照规定顺序拆卸下曲轴箱。

（9）按照规定顺序拆卸气缸盖固定螺栓。

图1-19　机体组

（10）如图1-20所示，拆卸气缸垫。

图1-20　气缸盖

三、拆卸活塞连杆组

以1缸活塞连杆组拆卸为例，拆卸步骤为：

（1）用指针式扭力扳手将曲轴旋转至1缸下止点位置。

（2）观察并确认装配标记。

（3）清洁气缸体表面胶质、气缸体顶部积碳。

（4）预松、拆卸1缸连杆轴承盖固定螺栓。

（5）拆卸连杆轴承盖，取下连杆盖，并从连杆盖上取下连杆轴瓦（注意：记录下活塞标记）。

（6）拆卸活塞连杆组件并观察其标记点，用手锤、手柄将指定活塞顶出（注意：

另一只手在下方接住活塞，避免活塞掉在地上）。

（7）做标记。

（8）如图1-21所示，使用活塞环钳分别取下第一、第二道气环。

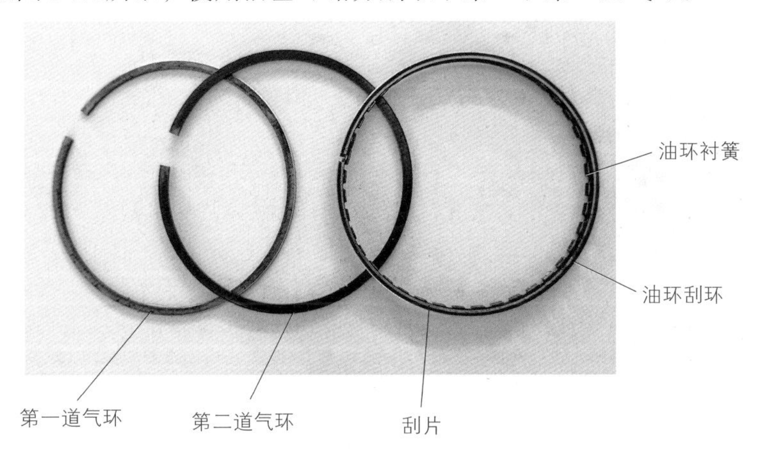

图1-21　活塞环

（9）用手按照油环的环绕方向取下油环。

（10）如图1-22所示，安装活塞。

图1-22　安装活塞

四、拆卸曲轴飞轮组

曲轴飞轮组包括曲轴、飞轮和曲轴扭转减振器。曲轴飞轮组如图1-23所示，拆卸的一般步骤为：

（1）预松、拆卸第一道曲轴主轴承盖固定螺栓，并注意其标记点。

（2）预松、拆卸第五道曲轴主轴承盖固定螺栓，并注意其标记点。

（3）预松、拆卸第二道曲轴主轴承盖固定螺栓，并注意其标记点。

（4）预松、拆卸第四道曲轴主轴承盖固定螺栓，并注意其标记点。

（5）预松、拆卸第三道曲轴主轴承盖固定螺栓，并注意其标记点。

（6）如图1-24所示，拆卸曲轴轴承盖，并按照规定顺序摆放轴承盖。

图1-23　曲轴飞轮组

图1-24　曲轴轴承盖

五、安装发动机附件

安装步骤为：

（1）安装曲轴皮带轮。

（2）按照规定顺序安装气门室罩盖，并按照规定力矩紧固固定螺栓。

（3）安装点火线圈。

思考与练习

在发动机拆装过程中，你知道还有哪些常用的工量具？

任务三工单　发动机拆装基础知识

1.任务分组

班级		组号		指导老师	
组长		学号			
小组成员	姓名	学号	角色分工		
			监护人员		
			操作人员		
			记录人员		
			评分人员		

2.任务准备

注意事项：

（1）进入实训车间应穿戴工作服、工作鞋，不可佩戴手表、钥匙等金属配饰，以免划伤实训设备。

（2）学生操作时，必须有教师进行指导和监护。

（3）注意工具的正确使用和摆放，以防掉落伤人。

工具准备：

实训发动机拆装台架、工具箱、世达120件套、手套。

防护准备：

进入实训场地的教师和学生须全部穿实训服。

3.任务实施

学生在教师的指导下完成分组，小组成员合理分工，完成发动机拆装实训操作任务。

序号	作业内容	具体作业要求	结果记录
1	实训拆装台架信息记录	品牌	
		台架型号	
		发动机排量	
		发动机型号	
2	拆卸汽油发动机操作	曲柄连杆机构	
		配气机构	
		五大系统	
3	拆卸柴油发动机操作	曲柄连杆机构	
		五大系统	
		配气机构	

4. 考核评价

序号	技能要求	评分细则	配分	等级	得分
1	安全实训	（1）能进行工位7S操作 （2）能进行设备工具安全检查 （3）能进行场地及设备安全防护操作 （4）能进行工具清洁、校准、存放操作 （5）能进行三不落地操作	15	未完成1项扣3分，扣分不得超过15分	
2	技能操作	作业1 （1）能正确地拆卸汽油发动机曲柄连杆机构 （2）能正确地安装汽油发动机曲柄连杆机构 作业2 （1）能正确地拆卸汽油发动机配气机构 （2）能正确地安装汽油发动机配气机构 作业3 （1）能正确地拆卸汽油发动机五大系统 （2）能正确地安装汽油发动机五大系统 作业4 （1）能正确地拆卸柴油发动机曲柄连杆机构	50	未完成1项扣3分，扣分不得超过50分	

序号	技能要求	评分细则	配分	等级	得分
2	技能操作	（2）能正确地安装柴油发动机曲柄连杆机构 作业5 （1）能正确地拆卸柴油发动机配气机构 （2）能正确地安装柴油发动机配气机构 作业6 （1）能正确地拆卸柴油发动机五大系统 （2）能正确地安装柴油发动机五大系统			
3	工具及设备的使用	（1）能正确地选用维修工具 （2）能正确地使用维修工具	10	未完成1项扣2分，扣分不得超过10分	
4	资料查询	（1）能正确地识读维修手册查询资料 （2）能正确地使用用户手册查询资料 （3）能正确地记录所查询的章节及页码 （4）能正确地记录所需维修信息	10	未完成1项扣2分，扣分不得超过10分	
6	表单填写	（1）字迹清晰 （2）语句通顺 （3）无错别字 （4）无涂改 （5）无抄袭	15	未完成1项扣1分，扣分不得超过15分	

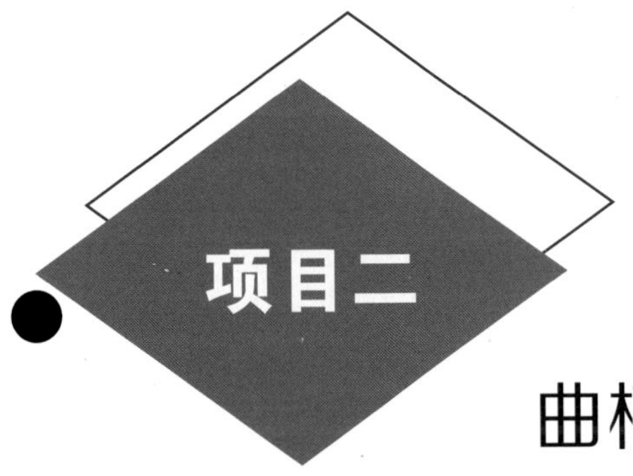

曲柄连杆机构的构造与检修

思政讲堂

在曲柄连杆机构中，各零部件工作环境非常复杂，但是它们仍然相互配合、有条不紊地完成工作。作为一个机构，各个零件运动相互关联，直接影响到整体的作用效果，这告诉我们要有团结合作精神和奉献精神。

实训目标

（1）学生能规范地拆装机体组、活塞连杆组及曲轴飞轮组各零部件。

（2）学生能规范地检查与测量机体组、活塞连杆组及曲轴飞轮组各零部件。

（3）通过实践操作，培养学生精益求精的工匠精神；养成服从管理、规范作业的良好工作习惯。

任务一　机体组的构造与检修

任务介绍

有一位丰田卡罗拉轿车用户将车开到服务站，车主反映发动机冷却液温度表指针超过红线，拔出机油尺发现机油呈乳白色，需要维修。

任务分析

本节任务包括机体组的拆装，气缸盖、气缸体平面度的检修，气缸盖固定螺栓的检查等，重点掌握拆装流程以及检测内容。

相关知识

一、机体组的作用与组成

机体是构成发动机的骨架，是发动机各机构和各系统的安装基础，其内外安装着发动机的所有主要零件和附件，承受各种载荷，并保证发动机各运动部件之间的准确位置关系。因此，机体必须要有足够的强度和刚度。

机体组主要由气缸体、气缸垫、气缸盖、曲轴箱等组成，如图2-1所示。

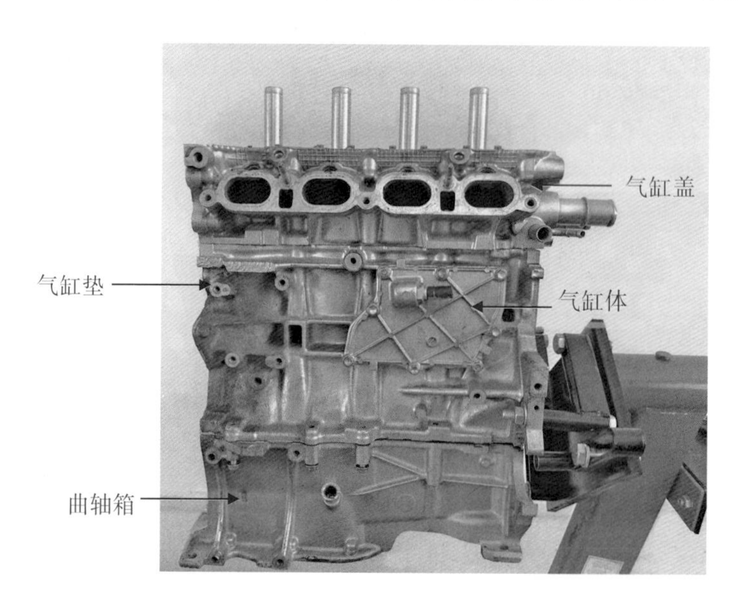

图2-1　机体组的组成

二、机体组各部件的结构

（一）气缸体

发动机的气缸体和曲轴箱常铸成一体，称为气缸体-曲轴箱，简称为气缸体。气缸体上有数个为活塞做导向的圆柱形空腔，称为气缸；下部为支撑曲轴的曲轴箱；内部有供机油通过的油道和供冷却液循环的水套等。

（二）气缸盖

气缸盖的功能是封闭气缸上部并与活塞顶部、气缸壁共同构成燃烧室，同时为其他零部件提供安装位置，如图2-2所示。气缸盖上有燃烧室，进、排气门座，气门导管，进、排气道，火花塞安装导管，润滑油道和冷却水道等。

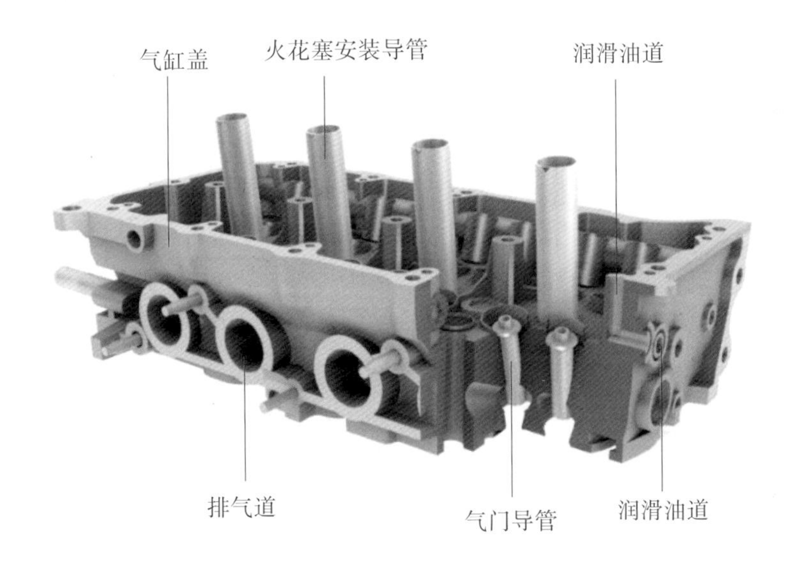

图2-2　气缸盖的组成

（三）气缸垫

气缸垫装在气缸盖与气缸体之间，其功能是保证气缸盖与气缸体接触面的密封，防止漏气、漏水和漏油。它包括水道、气道和机油油道孔等。

实践操作

在掌握理论知识的基础上，教师带领同学们完成实践操作，具体步骤如下：

一、实训器材

发动机实训台架、指针式扭力扳手、刀口尺、塞尺、量缸表、千分尺、常用维修工具和维修手册等。

二、作业准备

（1）预先拆下发动机外围附件和进排气管等。

（2）将已拆除的零件和工量具摆放整齐。

三、操作步骤

（一）气缸盖的拆卸与安装

1.气缸盖的拆卸

（1）摇转发动机翻转架使发动机直立。

（2）拆卸气缸盖罩。

（3）拆卸正时皮带和凸轮轴等。

（4）用合适套筒与扳手按由外到内对角分几次拧松气缸盖紧固螺栓，拧松螺栓的顺序如图2-3所示。

气缸盖螺栓的拆卸

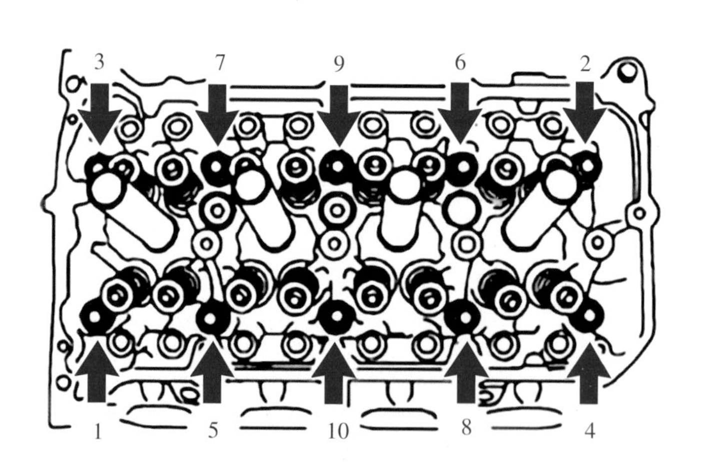

图2-3　气缸盖螺栓的拆卸顺序

注意：如果螺栓不按正确顺序拆卸或不是在冷态下拆装气缸盖，都有可能造成气缸盖变形。

（5）取下气缸盖紧固螺栓，并按顺序摆放整齐。

（6）用橡皮锤轻轻敲击气缸盖两侧，再用双手抬起气缸盖。

（7）取下气缸盖并将气缸盖放置在准备好的长形木块上，并取下气缸垫。

2.气缸盖的安装

安装时按拆卸相反顺序进行，但需注意：

（1）清除接触表面的所有机油，将新气缸垫放在气缸表面上，印有批次号的一面朝上；检查气缸体和气缸垫上的机油道孔是否对齐，如图2-4所示。

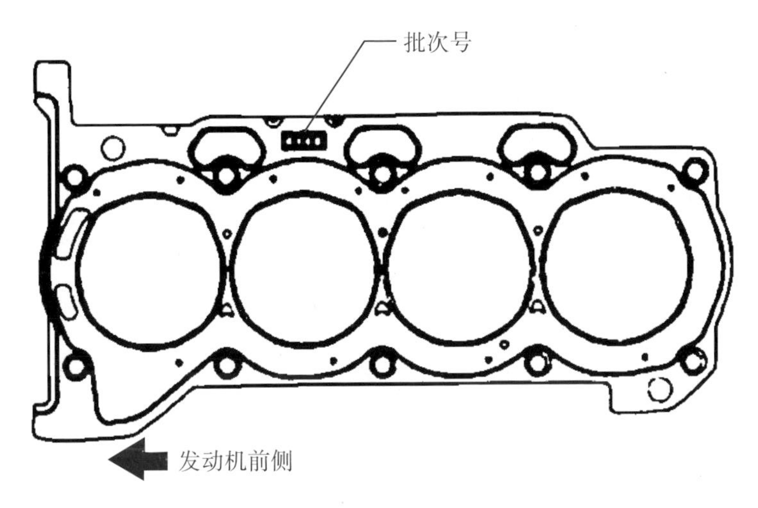

图2-4　气缸垫的安装方向

（2）安装前，在气缸盖螺栓的螺纹和与垫圈相接触的螺栓头下部的部位，涂抹一薄层机油。

（3）用合适套筒和扳手由内向外几次拧紧气缸盖螺栓，拧紧顺序如图2-5所示。

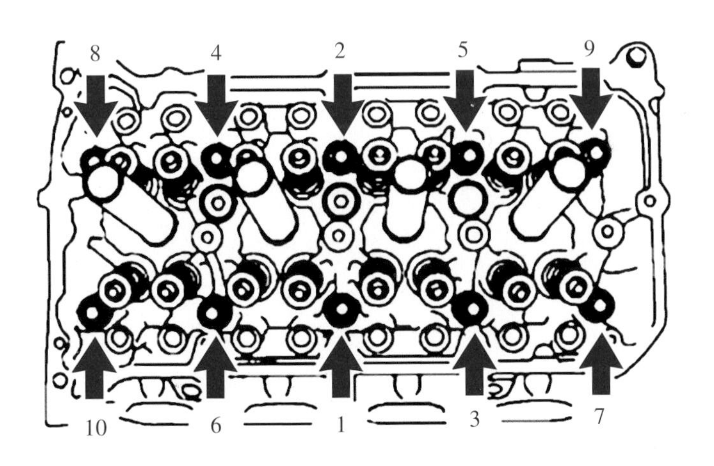

图2-5　气缸盖螺栓的拧紧顺序

（4）用工具拧紧气缸盖紧固螺栓，拧紧方法如图2-6所示。

注意：如规定拧紧力矩为49 N·m，当气缸盖紧固螺栓拧紧至49 N·m后，用油漆在气缸盖螺栓的前面做标记。按顺序号再将气缸盖螺栓拧紧90°，然后再拧45°，检查并确认油漆标记与前端是否成135°。

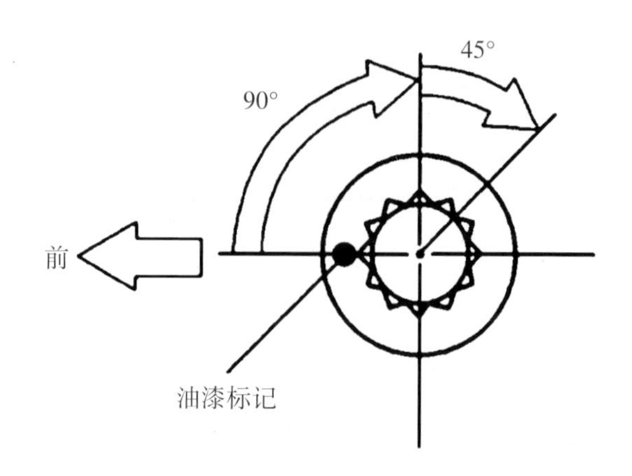

图2-6　拧紧气缸盖紧固螺栓

（二）气缸盖的清洗和检修

1.气缸盖的清洗

（1）使用垫片铲刀从气缸体接合表面清除所有气缸垫材料，注意不要刮伤与气缸体接触的表面。

（2）使用钢丝刷清除燃烧室的所有积碳，注意不要刮伤与气缸体接触的表面。

（3）使用软毛刷和清洗剂，彻底清洁气缸盖。

2.气缸盖的检修

检查气缸盖裂纹：对气缸盖清洗后，仔细检查气缸盖燃烧室，火花塞螺纹口，进、排气口等处是否有裂纹。对于有裂纹的气缸盖一般要求更换。

检查气缸盖是否翘曲变形：气缸盖翘曲变形指的是气缸盖下平面的平面度误差超出规定值。气缸盖翘曲变形后，会使气缸垫密封不严，可用磨削的方法修理，或更换新的气缸盖。

检修步骤如下：

（1）将所测气缸盖倒放在检测平台上。

（2）将刀形尺放在气缸盖的所测平面上，然后用塞尺测量刀形尺与平面间的间隙，塞入塞尺的最大厚度即为变形量，如图2-7所示。

（3）测量气缸盖下平面时，需要测量该平面的四条边及对角线，取6次测量的最大值，平面度最大值一般不超过0.05 mm，如超过最大值，可采用磨削法加工气缸盖下平面，如图2-8所示。

气缸盖平面度的测量

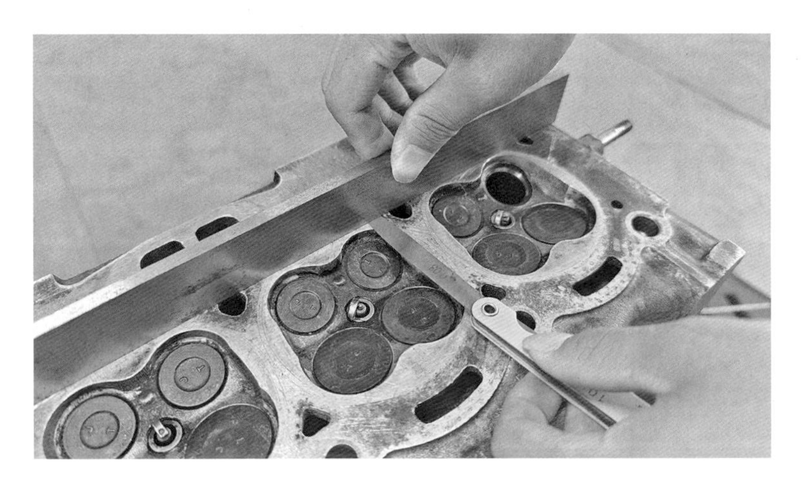

图2-7　气缸盖平面度测量

图2-8　测量气缸盖的位置

（4）测量气缸盖与进气歧管接触面的平面度，平面度最大值一般不超过0.10 mm。

（5）测量气缸盖与排气歧管接触面的平面度，平面度最大值一般不超过0.10 mm。

3. 气缸盖固定螺栓的检查

气缸盖固定螺栓在工作中受到很大的拉力，所以容易被拉伸而损坏。使用游标卡尺测量螺栓的长度和螺纹的最小直径，最大长度不得超过规定值，最小螺纹直径不能小于规定值，如图2-9所示。

气缸盖固定螺栓的测量

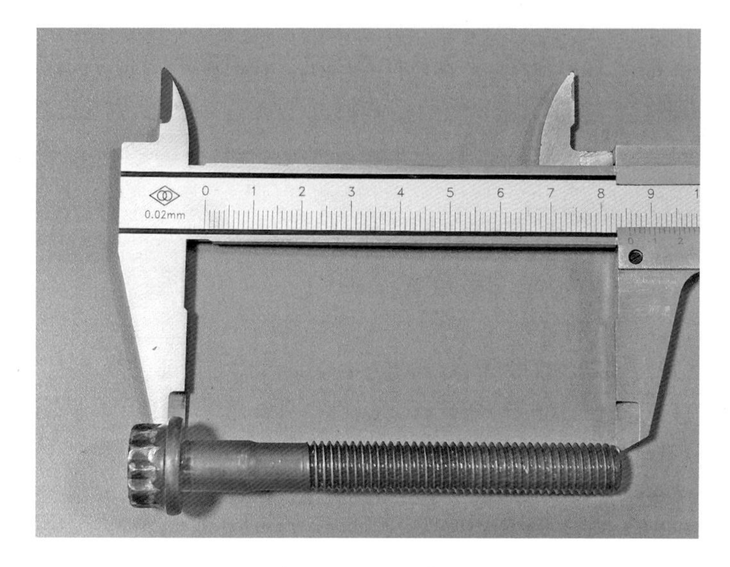

图2-9　气缸盖固定螺栓的测量点

（三）气缸体的检修

1.气缸体的清洗

（1）使用垫片铲刀清除气缸体上平面的污物和积碳。

（2）使用清洗剂彻底清洗气缸体外表面的污物。

（3）使用气枪清洁气缸体上的油孔和水道。

2.检查气缸体上平面的平面度

使用刀形尺和塞尺测量气缸体和气缸盖接触面的翘曲变形。最大翘曲变形为0.05 mm，如果翘曲变形超过最大值，则更换气缸体。

3.检测气缸的磨损程度及圆度、圆柱度偏差

（1）用干净抹布擦拭所测气缸；直观检查气缸有无垂直划痕，如果存在深度划痕，重新镗削所有气缸。如有必要，更换气缸体。

（2）检查所有量具（量缸表、游标卡尺、外径千分尺等）的完好性。

（3）清洁游标卡尺并检查有无误差，用游标卡尺测量气缸直径，读出最接近的整数值作为量缸表基准值。

（4）清洁千分尺并校零，然后将千分尺校准到量缸表的基准值并锁止，放置在台虎钳上。

（5）将百分表安装到表杆上，保证百分表预压0.5 mm左右并拧紧锁止手柄，然后选取适合气缸直径的接杆（74～82 mm）安装到表杆座上。

（6）将装好的量缸表放入千分尺上。

（7）稍微旋动接杆，使量缸表指针转动约2 mm，使指针对准刻度零处，再拧紧接杆的固定螺母。

（8）测量方法：一只手拿住量缸表杆部上端，另一只手托住量缸表下座，稍稍压缩下座后将量缸表放入气缸筒内，如图2-10所示。在气缸体的横向和纵向两个方向测量，并测量每个气缸的上、中、下3个位置，因此，每个气缸需测量6个数值，上面一个位置一般定在活塞在上止点时，第一道活塞环气缸壁处，约距气缸上端10 mm处；中间位置离气缸上平面50 mm处；下端位置离气缸下平面10 mm处。

图2-10　气缸的测量

（9）读数方法。

1）百分表盘刻度为大指针在圆表盘上转动一格为0.01 mm，转动一圈为1 mm；小指针移动一格为1 mm。

2）测量时，当表针顺时针方向离开“0”位，表示缸径小于标准尺寸的缸径，它是标准缸径与表针离开“0”位格数之差；若表针逆时针方向离开“0”位，表示缸径大于标准尺寸的缸径，它是标准缸径与表针离开“0”位格数之和。

3）若测量时，小针移动超过1 mm，则应在实际测量值中加上或减去1 mm。

（10）数据计算圆度误差一般采用两点法测量，即用同一截面上不同方向最大直径与最小直径差值的一半作为圆度误差。

圆柱度误差也用两点法测量，其数值是被测气缸任意截面、任意方向上所测得的最大直径与最小直径差值的一半。

思考与练习

（1）简述发动机的一般润滑方式。

（2）气缸体上有数个为活塞作导向的圆柱形空腔，称为______________；下部为支撑曲轴的曲轴箱；内部有供润滑油通过的______________和供冷却液循环的______________等。

（3）写出图2-11划线处零部件的名称。

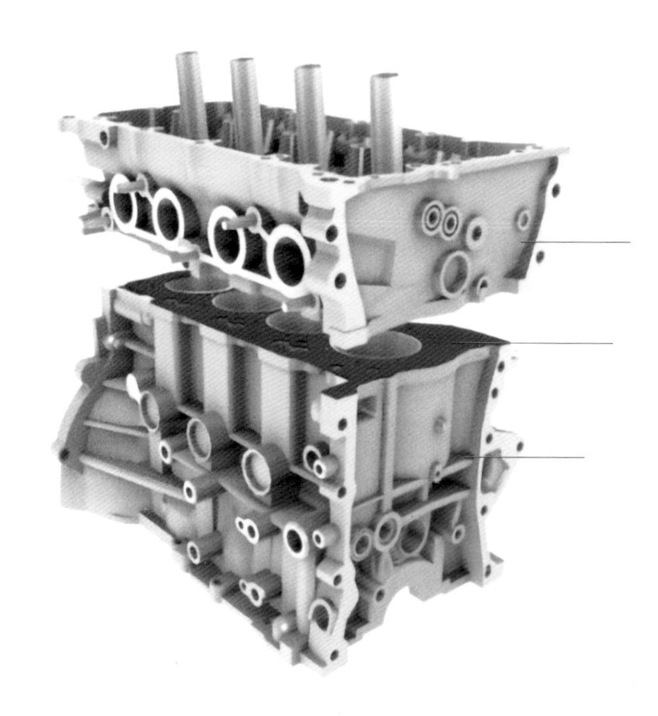

图2-11　机体组的组成

任务一工单　机体组的构造与检修

1.任务分组

班级		组号		指导老师	
组长		学号			
小组成员	姓名	学号	角色分工		
			监护人员		
			操作人员		
			记录人员		
			评分人员		

2.任务准备

注意事项：

（1）进入实训车间应穿戴工作服、工作鞋，不可佩戴手表、钥匙等金属配饰，以免划伤实训设备。

（2）学生操作时，必须有教师进行指导和监护。

（3）注意工具的正确使用和摆放，以防掉落伤人。

工具准备：

实训车辆、工具箱、世达120件套、座椅三件套、翼子板布、前格栅布、手套。

防护准备：

进入实训场地的教师和学生须全部穿实训服。

3.任务实施

学生在教师的指导下完成分组，小组成员合理分工，完成机体组实训操作任务。

序号	作业内容	具体作业要求	结果记录
1	车辆信息记录	品牌	
		台架型号	
		发动机排量	
		发动机型号	
2	气缸盖和气缸体的清洗与初步检查	气缸垫目视检查	
		气缸盖目视检查	
		气缸体目视检查	
3	气缸盖固定螺栓的测量	测量值	
		标准值	
4	气缸盖平面度的测量	最大测量值	
		标准值	
5	气缸体平面度的测量	最大测量值	
		标准值	
6	气缸的测量	上	横向测量值__________ 纵向测量值__________
		中	横向测量值__________ 纵向测量值__________
		下	横向测量值__________ 纵向测量值__________
		气缸圆度	
		气缸圆柱度	
7	查阅维修手册	气缸盖固定螺栓力矩	第__章_____页
		气缸盖固定螺栓长度	第__章_____页

4.考核评价

序号	技能要求	评分细则	配分	等级	得分
1	安全实训	(1) 能进行工位7S操作 (2) 能进行设备工具安全检查 (3) 能进行场地及设备安全防护操作 (4) 能进行工具清洁、校准、存放操作 (5) 能进行三不落地操作	15	未完成1项扣3分,扣分不得超过15分	
2	技能操作	作业1 (1) 能正确地拆卸气缸盖 (2) 能正确地安装气缸盖 作业2 (1) 能正确地清洁气缸盖表面 (2) 能正确地检查气缸盖损伤情况 (3) 能正确地清洁气缸体表面 (4) 能正确地检查气缸体损伤情况 作业3 (1) 能正确地清洁气缸盖固定螺栓 (2) 能正确地检查气缸盖固定螺栓 (3) 能正确地测量气缸盖固定螺栓 作业4 (1) 能正确地清洁气缸盖测量表面 (2) 能正确地测量气缸盖平面度 (3) 能正确地清洁气缸体测量表面 (4) 能正确地测量气缸体平面度 作业5 (1) 能正确地组装量缸表 (2) 能正确地校准量缸表 (3) 能正确地测量气缸的直径 (4) 能正确地选择气缸上、中、下位置 (5) 能正确地测量气缸横、纵向位置	50	未完成1项扣3分,扣分不得超过50分	

序号	技能要求	评分细则	配分	等级	得分
3	工具及设备的使用	(1) 能正确地选用维修工具 (2) 能正确地使用维修工具 (3) 能正确地使用刀口尺 (4) 能正确地使用塞尺 (5) 能正确地使用游标卡尺 (6) 能正确地使用千分尺 (7) 能正确地使用量缸表	10	未完成1项扣2分，扣分不得超过10分	
4	资料查询	(1) 能正确地识读维修手册查询资料 (2) 能正确地使用用户手册查询资料 (3) 能正确地记录所查询的章节及页码 (4) 能正确地记录所需维修信息	10	未完成1项扣2分，扣分不得超过10分	
5	数据分析	(1) 能判断气缸盖外观是否正常 (2) 能判断气缸体外观是否正常 (3) 能判断气缸盖平面度是否正常 (4) 能判断气缸体平面度是否正常 (5) 能判断气缸盖固定螺栓是否正常 (6) 能判断气缸是否正常	10	未完成1项扣2分，扣分不得超过10分	
6	表单填写	(1) 字迹清晰 (2) 语句通顺 (3) 无错别字 (4) 无涂改 (5) 无抄袭	5	未完成1项扣1分，扣分不得超过5分	

任务二　活塞连杆组的构造与检修

任务介绍

有一位丰田卡罗拉轿车用户将车开到服务站，车主反映该车目前共行驶了30多万千米，但最近明显感觉车辆行驶无力，油耗增加，而且发现机油量明显减少，需要维修。

任务分析

本节任务包括活塞连杆组的拆装和活塞环三隙的检测，重点掌握拆装流程以及检测内容。

相关知识

活塞连杆组承受气缸中可燃混合气燃烧后产生的作用力，并将此力通过活塞销传给连杆，以推动曲轴旋转。活塞连杆组由活塞、活塞环、活塞销、连杆、连杆轴承盖和连杆轴承等主要机件组成，如图2-12所示。

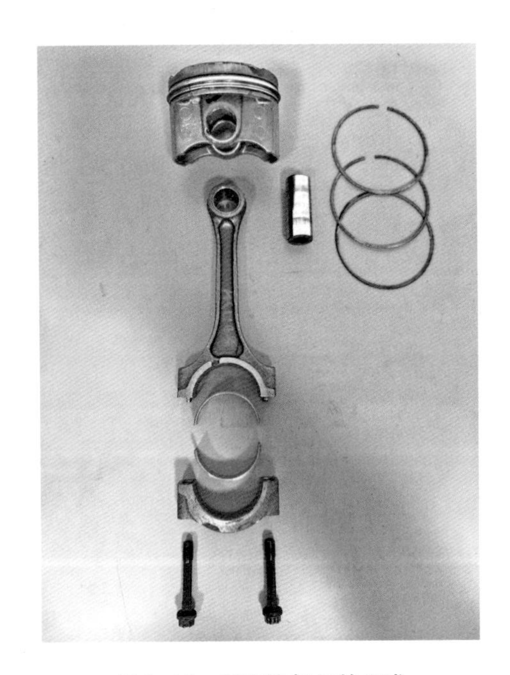

图2-12　活塞连杆组的组成

一、活塞

（一）作用

活塞的作用是与气缸盖、气缸体等共同组成燃烧室，承受气缸中气体的压力，并将此力通过活塞销传给连杆以推动曲轴旋转。

（二）活塞的结构

活塞可分为顶部、头部和裙部。

（1）活塞顶部是燃烧室的组成部分，用来承受气体压力。因此，活塞顶部的金属要有一定的厚度。活塞顶部的形状与燃烧室形状和压缩比大小有关。汽油发动机活塞顶有平顶、凹顶和凸顶等形式。

（2）活塞头部是包含活塞环槽的部分，其主要作用是安装活塞环；承受气体压力并传给活塞销；与活塞环一起实现对气缸的密封；并将活塞顶部所吸收的热量通过活塞环传给气缸壁。

（3）油环槽以下的部分为活塞裙部，其作用是为活塞在气缸内做往复运动进行导向和承受侧压力。

二、活塞环

活塞环包括气环和油环两种。

（一）气环

气环的主要作用是保证活塞与气缸壁间的密封，防止气缸内的可燃混合气和高温燃气漏入曲轴箱，并将活塞顶部接受的热量传给气缸壁，再由冷却液带走，避免活塞过热。另外，其还起到刮油、布油的辅助作用。

（二）油环

油环的主要作用是刮除飞溅到气缸壁上多余的机油，并在气缸壁上涂布一层均匀的油膜。油环上行时布油；下行时，将气缸壁上多余的机油刮下来经活塞上的回油孔流回油底壳。

（三）活塞环的三隙

发动机工作时，活塞和活塞环都会发生热膨胀。活塞环既要相对于气缸做往复运动，又要相对于活塞做横向移动。因此，活塞环在环槽内应留有3个间隙，即端隙、侧隙和背隙。

三、活塞销

活塞销的功能是连接活塞与连杆小头，将活塞承受的气体作用力传给连杆。

活塞销与活塞座孔和连杆小头的连接方式有全浮式和半浮式两种形式。

四、连杆

（一）作用

连杆的作用是将活塞承受的力传递给曲轴，并使活塞的往复直线运动转变为曲轴的旋转运动。

（二）结构

连杆由连杆小头、杆身、连杆大头（包括连杆盖）和连杆螺栓组成。

1.连杆螺栓

连杆螺栓是一个要承受很大冲击性载荷的重要零件，当其发生损坏时，将给发动机带来极其严重的后果。因此，其一般采用韧性较高的优质合金钢或优质碳素钢锻制或冷墩成形。连杆大头在安装时必须坚固可靠。连杆螺栓必须按工厂规定的力矩，分2～3次均匀地拧紧。

2.连杆轴承

连杆轴承也称连杆轴瓦（俗称小瓦），装在连杆大头的孔内，用以保护曲轴的连杆轴颈和连杆大头。连杆轴承是由钢背和减磨层组成的分开式薄壁轴承。

实践操作

一、实训器材

（1）发动机实训台架。

（2）外径千分尺、游标卡尺、活塞环卡钳、扭力扳手等。

（3）常用维修工具和维修手册等。

二、作业准备

（1）预先拆下气缸盖与油底壳等。

（2）将预先拆下的零件与工量具摆放整齐。

（3）准备好备用的活塞环。

三、操作步骤

（一）活塞连杆组的拆卸、分解与清洁

1.活塞连杆组的拆卸

（1）摇转翻转架，使气缸体倒转。

（2）使用合适套筒和指针式扭力扳手顺时针转动曲轴，将待拆气缸的活塞连杆组移动至下止点位置。

（3）使用合适套筒和指针式扭力扳手分两次交替拧松连杆轴承盖螺栓。

（4）用手将连杆螺栓拧出，并用拧出的螺栓通过左右晃动取下连杆轴承盖。

（5）使用橡胶锤将活塞连杆组从气缸体的上部推出。

（6）使用记号笔将拆下的活塞连杆组按照对应气缸进行标记，同时还要在活塞头部标记朝前标志。

2.活塞连杆组的分解

（1）使用活塞环卡钳拆下第一道气环，如图2-13所示。

图2-13　用活塞环卡钳拆下第一道气环

（2）再使用活塞环卡钳拆下第二道气环。

（3）直接用手拆下油环，先拆两个刮片，再拆衬簧。

（4）从连杆大头和连杆轴承盖上拆下连杆轴承。

（5）用一字螺丝刀或卡簧钳拆下活塞销两端的卡簧，如图2-14所示。

图2-14　卡簧的拆卸

（6）将专用工具放到活塞销的内孔，然后用橡胶锤轻敲专用工具，将活塞销取出。

（7）将拆下并分解的活塞连杆组按缸别顺序摆放整齐，防止错乱。

3.活塞连杆组零件清洁

（1）使用铲刀、断环和毛刷清除活塞顶部和活塞环槽内的积碳。

（2）使用清洗剂或汽油清洁活塞连杆组零件。

（3）使用压缩空气吹净活塞连杆组零件。

（二）活塞连杆组的检修

1.目视检查零件状况

（1）目视检查连杆状况，检查是否存在弯曲、扭曲、磨损和裂纹等明显故障。

（2）目视检查活塞状况，检查是否存在拉痕、顶部烧蚀、磨损和裂纹等明显故障。

（3）目视检查连杆轴承状况，检查减磨合金是否脱落，检查轴承背面是否有高温变色痕迹，定位凸键是否磨损等。

2.活塞裙部直径的测量

（1）用抹布清洁千分尺和游标卡尺。

（2）检查游标卡尺是否对零。

（3）使用游标卡尺和记号笔在活塞下缘离裙边约12.6 mm处做标记（具体车型不同，需要标记的位置可能不同）。

（4）检查千分尺是否对零，如存在误差，在最后的测量值中应加上或减去该误差。

（5）使用千分尺对照标记位置测量活塞裙部直径，如图2-15所示（测量时注意测量部位还需与活塞销保持垂直）。

活塞裙部的测量

图2-15　活塞裙部的测量

（6）清洁量具并归位。

3.活塞环端隙的测量

（1）将活塞环放入气缸筒内，然后使用活塞将活塞环推入到气缸的下部，如图2-16所示（具体位置车型不同要求不同，可参考维修手册的相关要求）。

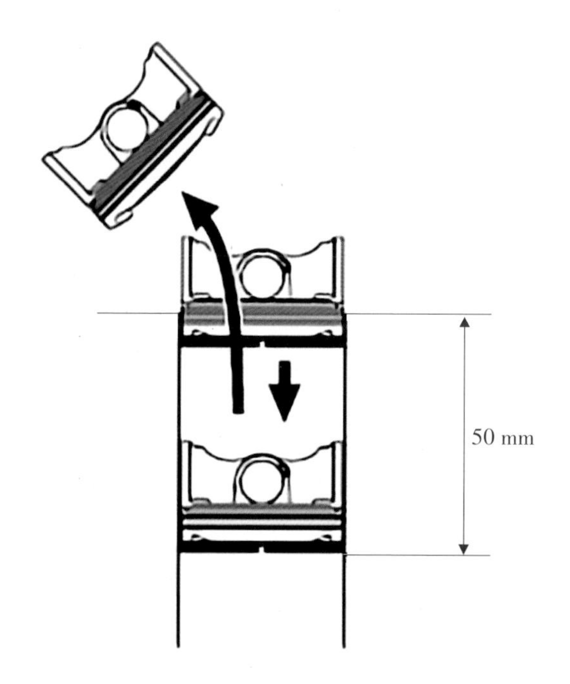

图2-16　活塞放入气缸

（2）清洁塞尺。

（3）使用塞尺测量活塞环的端隙，如图2-17所示。

活塞环端隙、侧隙的测量

图2-17　端隙的测量

4.活塞环侧隙的测量

（1）清洁塞尺。

（2）将活塞环放入相应的活塞环槽内，使用塞尺测量活塞环的侧隙，如图2-18所示（测量一道环的侧隙需按圆周方向至少测量3个位置）。

图2-18　侧隙的测量

（三）活塞连杆组的安装

1.活塞与连杆的装配

（1）用螺丝刀将新卡簧安装到活塞销孔的一端。

（2）将活塞放入水中，然后将水加热到80～90 ℃。

（3）将活塞和连杆向前标记对准，如图2-19所示，用拇指推入活塞销。

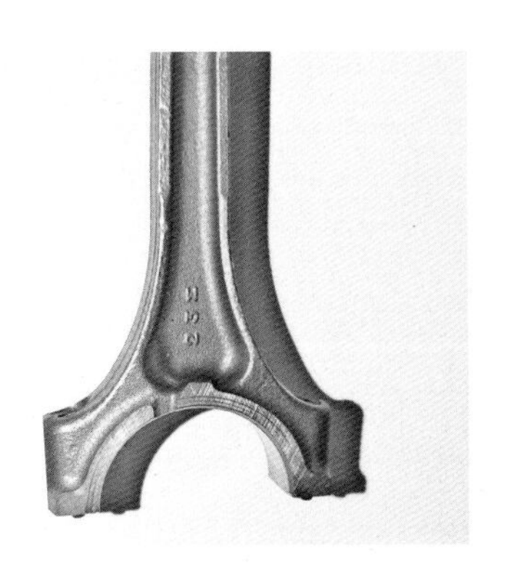

图2-19　活塞与连杆的朝前标识

（4）用螺丝刀将新卡簧安装到活塞销孔的另一端。

（5）在活塞销上来回移动活塞，检查活塞和活塞销的安装情况。

2.活塞环的安装

（1）直接用手装上油环，先装衬簧，再装两个刮片。

（2）使用活塞环扩张器安装第二道气环；注意活塞环上标有字的面必须朝上，如图2-20所示。

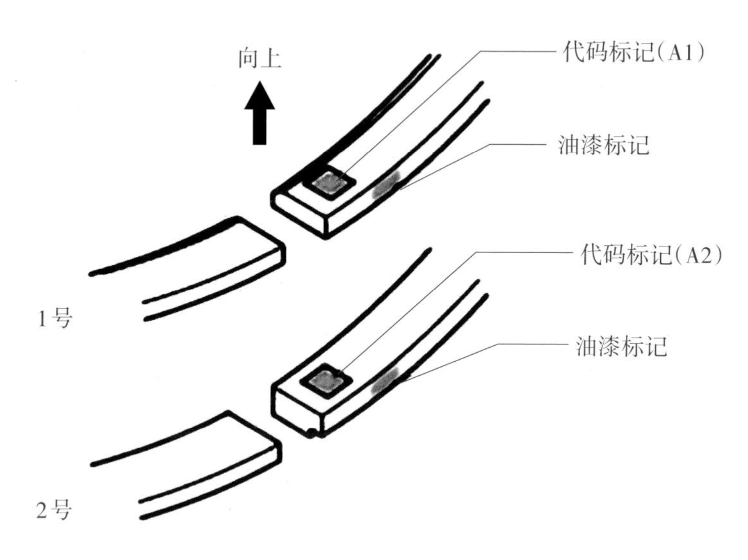

图2-20　活塞环的标识

（3）使用活塞环卡钳安装第一道气环；注意活塞环上标有字的面必须朝上。

（4）调整活塞环端口方向至规定位置（不同类型发动机活塞环端口位置可能不同）。

3.连杆轴承的安装

（1）将新的连杆轴承安装至连杆大头与连杆轴承盖中。

（2）将少量的润滑油滴在连杆轴承的内表面上，并涂抹均匀。

4.活塞连杆组的安装

（1）摇转翻转架，使气缸体保持安装面竖直朝上。

（2）使用润滑油润滑气缸内壁并涂抹均匀。

（3）使用润滑油润滑活塞环夹箍并涂抹均匀。

（4）用活塞环夹箍收紧活塞环，并拧紧至没有间隙。

（5）确认即将安装的活塞连杆组的标记。

（6）转动曲轴，使即将安装的气缸曲轴、曲柄位于下止点。

（7）将已被活塞夹箍抱紧的活塞连杆组放入对应的气缸，再使用橡胶锤将活塞夹箍上缘敲平；最后使用橡胶锤手柄将活塞推入气缸的底部，如图2-21所示。

（8）按标记（或连杆轴承止口对止口）将连杆轴承盖装好，并先用手将连杆螺栓拧入，如图2-22所示。

图2-21　活塞连杆装入气缸

图2-22　连杆轴承盖的安装

(9) 使用合适套筒和预置式扭力扳手交替拧紧连杆螺栓至规定力矩。

(10) 用油漆笔在连杆螺栓前端做标记。

(11) 使用合适套筒和指针扳手将连杆螺栓再紧固90°，如图2-23所示。

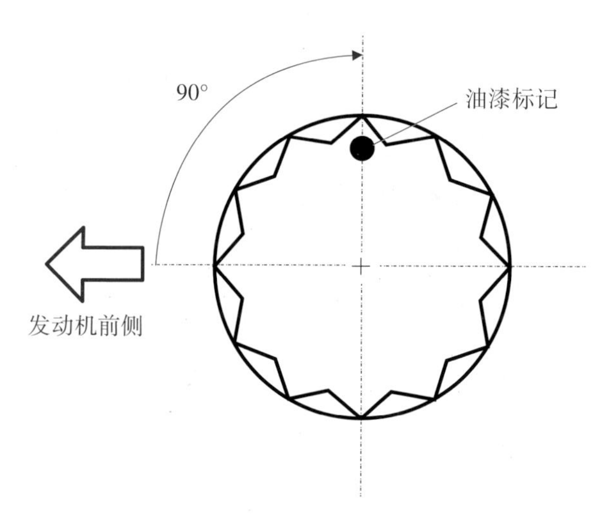

图2-23　连杆螺栓的紧固

（12）用抹布清除标记。

（13）转动曲轴，检查其是否能够自由转动，然后再安装另一个活塞连杆组。

思考与练习

活塞可分为顶部、头部和______部3个部分，活塞顶部是燃烧室的组成部分，用来承受________，活塞顶有______顶、凹顶和凸顶等形式；活塞头部包含活塞环槽的部分，其主要作用是安装______________；油环槽以下的部分为活塞裙部，其作用是为活塞在气缸内做往复运动进行______________。

任务二工单　活塞连杆组的构造与检修

1.任务分组

班级		组号		指导老师	
组长		学号			
小组成员	姓名	学号	角色分工		
			监护人员		
			操作人员		
			记录人员		
			评分人员		

2.任务准备

注意事项：

（1）进入实训车间应穿戴工作服、工作鞋，不可佩戴手表、钥匙等金属配饰，以免划伤实训设备。

（2）学生操作时，必须有教师进行指导和监护。

（3）注意工具的正确使用和摆放，以防掉落伤人。

工具准备：

实训车辆、工具箱、世达120件套、座椅三件套、翼子板布和前格栅布、手套。

防护准备：

进入实训场地的教师和学生须全部穿实训服。

3.任务实施

学生在教师的指导下完成分组，小组成员合理分工，完成活塞连杆组实训操作任务。

序号	作业内容	具体作业要求	结果记录
1	车辆信息记录	品牌	
		台架型号	
		发动机排量	
		发动机型号	
2	活塞连杆组的清洗与初步检查	活塞目视检查	
		连杆目视检查	
		连杆轴承目视检查	
3	活塞裙部直径的测量	距离活塞裙部底端(　　)mm 测量值	
		距离活塞裙部底端(　　)mm 标准值	
4	活塞与气缸配合间隙（计算）	气缸直径	
		配合间隙	
		标准值	
5	活塞环的测量	第一道环——端隙测量值 第一道环——端隙标准值	
		第一道环——侧隙测量值 第一道环——侧隙标准值	
		第二道环——端隙测量值 第二道环——端隙标准值	
		第二道环——侧隙测量值 第二道环——侧隙标准值	
6	连杆的检测	弯曲值	
		扭曲值	
		标准值	
7	查阅维修手册	连杆螺栓拧紧力矩	第___章_____页

4.考核评价

序号	技能要求	评分细则	配分	等级	得分
1	安全实训	(1) 能进行工位7S操作 (2) 能进行设备工具安全检查 (3) 能进行场地及设备安全防护操作 (4) 能进行工具清洁、校准、存放操作 (5) 能进行三不落地操作	15	未完成1项扣3分,扣分不得超过15分	
2	技能操作	作业1 (1) 能正确地拆卸连杆螺栓 (2) 能正确地拆卸活塞连杆组 (3) 能正确地分解活塞连杆组 作业2 (1) 能正确地检查活塞外观情况 (2) 能正确地检查连杆外观情况 (3) 能正确地检测连杆轴承 (4) 能正确地测量活塞直径 (5) 能正确地测量活塞环的端隙 (6) 能正确地测量活塞环的侧隙 (7) 能正确地测量连杆的弯曲度 (8) 能正确地测量连杆的扭曲度 作业3 (1) 能正确地安装活塞环 (2) 能正确地安装连杆轴承 (3) 能正确在活塞连杆组部件上涂机油 (4) 能正确将活塞连杆组安装到气缸内 (5) 能正确地安装连杆轴承盖 (6) 能正确地拧紧连杆螺栓	50	未完成1项扣3分,扣分不得超过50分	
3	工具及设备的使用	(1) 能正确地选用维修工具 (2) 能正确地使用维修工具 (3) 能正确地使用连杆校验仪 (4) 能正确地使用塞尺 (5) 能正确地使用游标卡尺 (6) 能正确地使用千分尺	10	未完成1项扣2分,扣分不得超过10分	

序号	技能要求	评分细则	配分	等级	得分
4	资料查询	（1）能正确地识读维修手册查询资料 （2）能正确地使用用户手册查询资料 （3）能正确地记录所查询的章节及页码 （4）能正确地记录所需维修信息	10	未完成1项扣2分，扣分不得超过10分	
5	数据分析	（1）能判断活塞连杆组外观是否正常 （2）能判断活塞是否正常 （3）能判断气缸配合间隙是否正常 （4）能判断活塞环是否正常 （5）能判断连杆是否正常	10	未完成1项扣2分，扣分不得超过10分	
6	表单填写	（1）字迹清晰 （2）语句通顺 （3）无错别字 （4）无涂改 （5）无抄袭	5	未完成1项扣1分，扣分不得超过5分	

任务三　曲轴飞轮组的构造与检修

任务介绍

有一位丰田卡罗拉轿车用户将车开到维修站，车主反映发动机运转时有异响，需要维修。

任务分析

本节任务包括曲轴飞轮组的拆装、曲轴的检测、曲轴轴向间隙检测，重点掌握拆装流程以及检测内容。

相关知识

曲轴飞轮组承受连杆传来的动力，转变为转矩向外输出，驱动汽车行驶。曲轴还用来驱动发动机的配气机构、水泵、发电机、空调压缩机和转向助力泵等。

曲轴飞轮组主要由曲轴、飞轮、主轴承、止推垫片、扭转减振器（橡胶环和摩擦盘）、皮带轮和正时齿轮等组成，如图2-24所示。

图2-24　曲轴飞轮组的组成

一、曲轴

（一）曲轴的作用

曲轴的作用是把活塞连杆组传来的气体压力转变为转矩并对外输出，以驱动汽车的传动系统和发动机的配气机构以及其他辅助装置。

（二）曲轴的构造

曲轴是由主轴颈、连杆轴颈、曲柄臂、平衡重、后端凸缘和润滑油道等组成的一个整体，如图2-25所示。

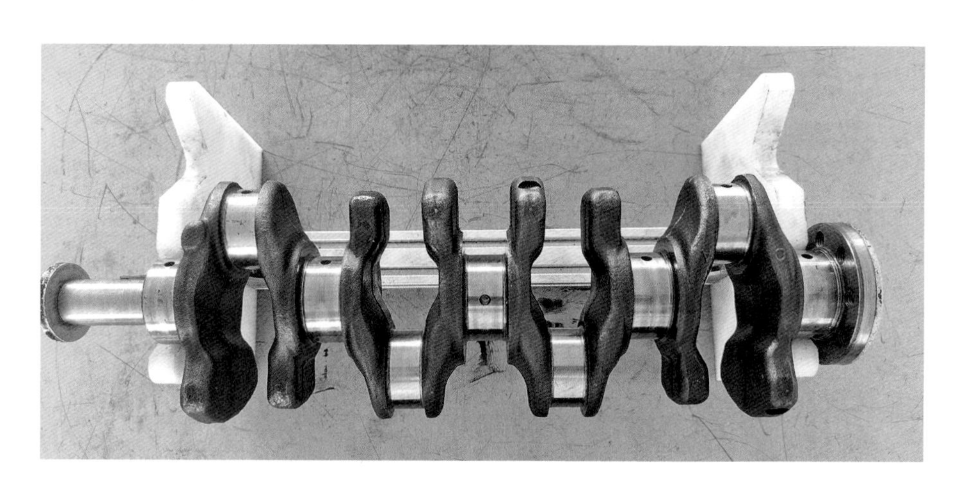

图2-25　曲轴的构造

二、曲轴轴承与止推垫片

（一）曲轴轴承

曲轴轴承也称为主轴承，俗称大瓦。装在缸体的主轴承孔内，其作用是保护曲轴主轴颈和机体的主轴承孔。

（二）止推垫片

止推垫片也称为止推瓦或止推轴承，一般只在中间主轴颈上安装，其作用是限制曲轴的轴向位移量（俗称轴向间隙），防止曲轴与机体摩擦。

三、飞轮

（一）作用

飞轮的作用是在做功行程中将传输给曲轴的一部分动能储存起来，用以在其他行程中克服阻力，带动曲柄连杆机构越过上、下止点，保证曲轴的旋转速度和输出转矩尽可能均匀，并将发动机的动力传给离合器。

（二）结构

飞轮是一个转动惯量很大的圆盘，在外缘上，压有一个起动用的齿圈，在发动机起动时与起动机齿轮啮合，带动曲轴旋转。

四、扭转减振器

（一）作用

发动机工作时，经连杆传给曲轴的作用力呈周期性变化，所以使曲轴旋转的瞬时角速度也呈周期性变化。当振动频率与曲轴的自振频率成整数倍关系时，就会产生共振。为了消减曲轴的扭转振动，在发动机的前端装有扭转减振器。

（二）结构

常用的扭转减振器有橡胶式、摩擦式和硅油式等多种形式。

实践操作

一、实训器材

（1）发动机实训台架。

（2）磁力表座、百分表、外径千分尺、游标卡尺、塑料间隙规等。

（3）常用维修工具和维修手册等。

二、作业准备

（1）发动机预先拆下气缸盖、油底壳和活塞连杆组等。

（2）将工量具与预先拆下的零件摆放整齐。

三、操作步骤

（一）曲轴轴向间隙的测量

1.磁性表座的安装

（1）将磁性表座的各个接杆调整到合适位置。

（2）检查百分表的指针移动是否灵活，刻度盘是否能够转动。

（3）将百分表安装到磁性表座的接杆上。

（4）用抹布清洁机体和曲轴上需要安装磁性表座和需要测量的位置。

（5）将磁性表座安装在机体前部，调整磁性表座接杆，使百分表测量杆垂直顶在曲轴的前端，同时将百分表指针预压1～2 mm，如图2-26所示。

2.轴向间隙的测量

（1）转动百分表的刻度盘，使指针对正“0”刻度。

（2）用一字螺丝刀撬动曲轴向前移动，观察百分表指针的偏摆值，如图2-27所示。

（3）再撬动曲轴向后移动，观察百分表指针的偏摆值；前后两次的偏摆值相加即为曲轴的轴向间隙，如果轴向间隙超标，则需成套更换止推垫片。

图2-26　磁力表座的安装

图2-27　轴向间隙的测量

（二）曲轴的拆卸与清洁

1.曲轴的拆卸

（1）使用合适套筒和指针扳手将曲轴转动到曲拐与气缸体下缘相平行的位置。

（2）使用合适套筒和指针扳手分两次释放曲轴主轴承盖螺栓力矩；曲轴主轴承盖螺栓拆卸顺序按图2-28所示。

主轴承盖螺栓的拆卸

图2-28　主轴承盖螺栓的拆卸顺序

(3)用拆下的螺栓前、后晃动主轴承盖，并依次取下5个主轴承盖，如图2-29所示。

图2-29　晃动主轴承盖

(4)将曲轴从气缸体上抬下，并正立放在工作台面上。

(5)从气缸体上依次取下5个主轴承，并按顺序摆放好，防止错乱。

2.曲轴的清洁

（1）使用清洗剂清洗曲轴主轴承盖、气缸体主轴承安装面、曲轴和主轴承等。

（2）使用压缩空气吹洗曲轴的油道和机体上的油道。

3.目视检查零件状况

（1）目视检查曲轴状况，检查主轴颈和连杆轴颈是否存在磨损沟槽、烧蚀等明显故障。

（2）目视检查飞轮状况，检查是否存在沟槽、烧蚀和裂纹等明显故障。

（3）目视检查主轴承状况，检查减磨合金是否脱落，检查轴承背面是否有高温变色痕迹，定位凸键是否磨损等。

（三）曲轴的测量

1.检查曲轴油膜间隙

（1）将曲轴主轴承安装到对应的主轴承座和主轴承盖上。

（2）将曲轴放到机体的主轴承座上，注意轻拿轻放。

（3）将塑料间隙规摆放到各主轴颈上。

（4）检查主轴承盖的朝前标记和数字，并将主轴承盖安装到气缸体上。

（5）安装主轴承盖，并拧紧到规定力矩；整个过程不能转动曲轴。

（6）拆下主轴承盖。

（7）用塑料间隙规标尺测量，塑料间隙规变形最宽处，即为曲轴油膜间隙。如果间隙超标，则说明曲轴或主轴承损坏，需进一步测量曲轴轴颈，如图2-30所示。

图2-30　塑料塞尺的放置

2.曲轴主轴颈的测量

（1）清洁外径千分尺并校零。

（2）测量曲轴主轴颈直径，按曲轴前后共测量4个数值。

（3）测量曲轴连杆轴颈直径，按曲轴前后共测量4个数值。

3.检查曲轴的跳动量（弯曲度）

（1）将曲轴的第一和第五道主轴颈放到两个V形铁上。

（2）在第三道主轴颈上安装磁性表座和百分表，使百分表测量杆与主轴颈垂直，并预压百分表指针1～2 mm。

（3）缓慢转动曲轴并察看百分表的偏摆值，即为曲轴的跳动量。如曲轴的跳动量超过最大值，则需要更换曲轴，如图2-31所示。

图2-31　曲轴跳动量的测量

4.曲轴的安装

（1）将曲轴主轴承安装至气缸体与曲轴轴承盖中，如图2-32所示。

曲轴的安装

图2-32　主轴承的安装

（2）使用润滑油润滑曲轴主轴承内表面，并涂抹均匀。

（3）将曲轴放入气缸体中；并在主轴颈上涂抹润滑油。

（4）安装止推垫片，注意有沟槽的面朝向曲轴。

（5）按照曲轴主轴承盖上的朝前和序号标记，将曲轴主轴承盖安装至气缸体上，并将曲轴主轴承盖螺栓手动旋入两圈以上，如图2-33所示。

图2-33　主轴承盖螺栓的安装

（6）使用橡胶锤将曲轴主轴承盖敲平。

（7）使用合适套筒和弓形摇把按照顺序预紧曲轴主轴承盖螺栓，拧紧顺序如图2-34所示。

图2-34　主轴承盖螺栓的拧紧顺序

（8）使用合适套筒和预置式扭力扳手交替拧紧主轴承盖螺栓至规定力矩。

（9）用油漆笔在主轴承盖螺栓前端做标记。

（10）使用合适套筒和指针扳手将主轴承盖螺栓再紧固90°，如图2-35所示。

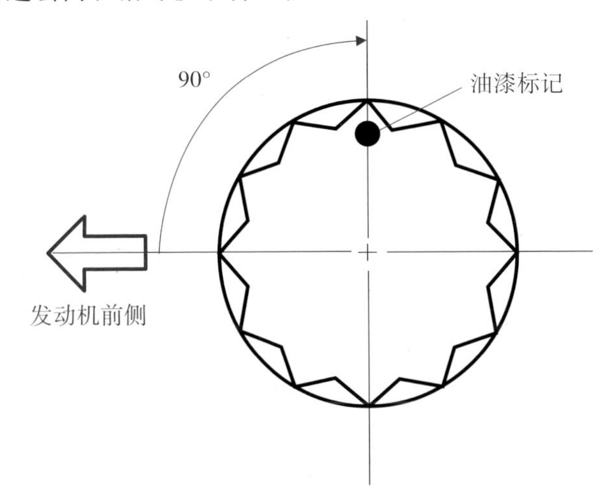

图2-35　螺栓的紧固

（11）用抹布清除标记。

（12）转动曲轴，检查其能够自由转动。

思考与练习

（1）曲轴飞轮组承受_________传来的动力，转变为_________向外输出，驱动汽车行驶。

（2）写出图2-36划线处部位的名称。

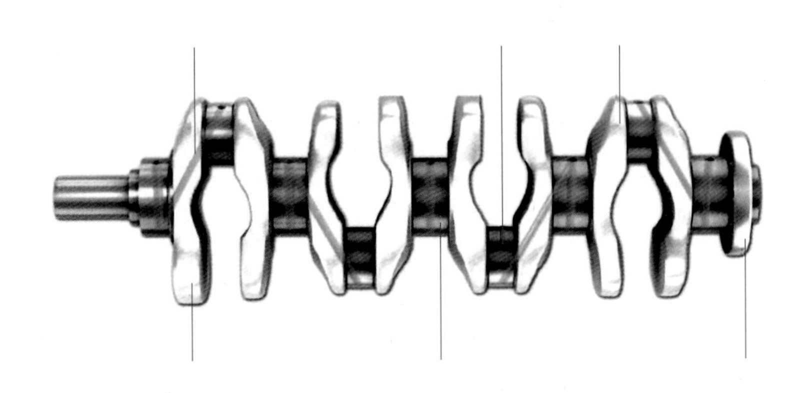

图2-36　曲轴的构造

任务三工单　曲轴飞轮组的构造与检修

1. 任务分组

班级		组号		指导老师	
组长		学号			
小组成员	姓名	学号	角色分工		
			监护人员		
			操作人员		
			记录人员		
			评分人员		

2. 任务准备

注意事项：

（1）进入实训车间应穿戴工作服、工作鞋，不可佩戴手表、钥匙等金属配饰，以免划伤实训设备。

（2）学生操作时，必须有教师进行指导和监护。

（3）注意工具的正确使用和摆放，以防掉落伤人。

工具准备：

实训车辆、工具箱、世达120件套、座椅三件套、翼子板布和前格栅布、手套。

防护准备：

进入实训场地的教师和学生须全部穿实训服。

3. 任务实施

学生在教师的指导下完成分组，小组成员合理分工，完成曲轴飞轮组实训操作任务。

<table>
<tr><th>序号</th><th>作业内容</th><th>具体作业要求</th><th colspan="20">结果记录</th></tr>
<tr><td rowspan="4">1</td><td rowspan="4">车辆信息记录</td><td>品牌</td><td colspan="20"></td></tr>
<tr><td>台架型号</td><td colspan="20"></td></tr>
<tr><td>发动机排量</td><td colspan="20"></td></tr>
<tr><td>发动机型号</td><td colspan="20"></td></tr>
<tr><td rowspan="3">2</td><td rowspan="3">曲轴飞轮组的清洗与检查</td><td>曲轴目视检查</td><td colspan="20"></td></tr>
<tr><td>飞轮目视检查</td><td colspan="20"></td></tr>
<tr><td>主轴承目视检查</td><td colspan="20"></td></tr>
<tr><td rowspan="2">3</td><td rowspan="2">曲轴轴向间隙的测量</td><td>曲轴轴向间隙测量值</td><td colspan="20"></td></tr>
<tr><td>曲轴轴向间隙标准值</td><td colspan="20"></td></tr>
<tr><td rowspan="5">4</td><td rowspan="5">曲轴油膜间隙及主轴颈的测量</td><td>主轴承</td><td colspan="4">第1道</td><td colspan="4">第2道</td><td colspan="4">第3道</td><td colspan="4">第4道</td><td colspan="4">第5道</td></tr>
<tr><td>油膜间隙测量值</td><td colspan="4"></td><td colspan="4"></td><td colspan="4"></td><td colspan="4"></td><td colspan="4"></td></tr>
<tr><td>油膜间隙标准值</td><td colspan="4"></td><td colspan="4"></td><td colspan="4"></td><td colspan="4"></td><td colspan="4"></td></tr>
<tr><td>主轴颈测量值</td><td colspan="4"></td><td colspan="4"></td><td colspan="4"></td><td colspan="4"></td><td colspan="4"></td></tr>
<tr><td>主轴颈标准值</td><td colspan="4"></td><td colspan="4"></td><td colspan="4"></td><td colspan="4"></td><td colspan="4"></td></tr>
<tr><td rowspan="3">5</td><td rowspan="3">连杆轴颈的测量</td><td>连杆轴颈</td><td colspan="5">1缸</td><td colspan="5">2缸</td><td colspan="5">3缸</td><td colspan="5">4缸</td></tr>
<tr><td>连杆轴颈直径</td><td colspan="5"></td><td colspan="5"></td><td colspan="5"></td><td colspan="5"></td></tr>
<tr><td>标准值</td><td colspan="5"></td><td colspan="5"></td><td colspan="5"></td><td colspan="5"></td></tr>
<tr><td rowspan="2">6</td><td rowspan="2">曲轴跳动量的测量</td><td rowspan="2">曲轴径向跳动量</td><td colspan="10">跳动值</td><td colspan="10">标准值</td></tr>
<tr><td colspan="10"></td><td colspan="10"></td></tr>
<tr><td rowspan="2">7</td><td rowspan="2">查阅维修手册</td><td>主轴承盖螺栓拧紧力矩</td><td colspan="20">第____章________页
规格______</td></tr>
<tr><td>飞轮螺栓拧紧力矩</td><td colspan="20">第____章________页
规格______</td></tr>
</table>

4.考核评价

序号	技能要求	评分细则	配分	等级	得分
1	安全实训	（1）能进行工位7S操作 （2）能进行设备工具安全检查 （3）能进行场地及设备安全防护操作 （4）能进行工具清洁、校准、存放操作 （5）能进行三不落地操作	15	未完成1项扣3分，扣分不得超过15分	
2	技能操作	作业1 （1）能正确地测量曲轴轴向间隙 （2）能正确地按照顺序拧松主轴承盖螺栓 （3）能正确地拆下曲轴飞轮组 作业2 （1）能正确地清洁曲轴飞轮组各零部件 （2）能正确地目视检查曲轴飞轮组各零部件 （3）能正确地测量主轴承油膜间隙 （4）能正确地测量主轴颈 （5）能正确地测量连杆轴颈直径 （6）能正确地测量曲轴跳动量 作业3 （1）能正确地安装主轴承 （2）能正确地涂抹机油 （3）能正确地安装曲轴 （4）能正确安装主轴承盖 （5）能正确地安装止推轴承 （6）能正确地拧紧主轴承盖螺栓 （7）能正确地拧紧飞轮螺栓	50	未完成1项扣3分，扣分不得超过50分	
3	工具及设备的使用	（1）能正确地选用维修工具 （2）能正确地使用维修工具 （3）能正确地使用磁性表座 （4）能正确地使用百分表 （5）能正确地使用塑料塞尺 （6）能正确地使用千分尺	10	未完成1项扣2分，扣分不得超过10分	

序号	技能要求	评分细则	配分	等级	得分
4	资料查询	（1）能正确地识读维修手册查询资料 （2）能正确地使用用户手册查询资料 （3）能正确地记录所查询的章节及页码 （4）能正确地记录所需维修信息	10	未完成1项扣2分，扣分不得超过10分	
5	数据分析	（1）能判断曲轴飞轮组外观是否正常 （2）能判断曲轴轴向间隙是否正常 （3）能判断曲轴油膜间隙是否正常 （4）能判断曲轴主轴颈直径是否正常 （5）能判断连杆轴颈是否正常 （6）能判断曲轴轴向圆跳动量是否正常	10	未完成1项扣2分，扣分不得超过10分	
6	表单填写	（1）字迹清晰 （2）语句通顺 （3）无错别字 （4）无涂改 （5）无抄袭	5	未完成1项扣1分，扣分不得超过5分	

项目三 配气机构的构造与检修

思政讲堂

配气机构工作时，进气门在上止点之前开启为进入更多气体做准备，这就告诉我们凡事预则立，不预则废。在工作和生活中，做事一定要做好充足的准备；在发动机工作过程中，各零部件相互配合，团结协作，才使配气机构得以良好工作，古话说：以众人之力起事者，无不成也。发动机工作过程中配气相位的实现都是通过活塞连杆组和气门传动组的配合完成的，在日常的生活、学习、工作中，也需要每一位同学团结协作、互帮互助，这样才能发挥所长、提高效率。

实训目标

（1）能规范地拆装气门组合气门传动组各零部件。

（2）能规范地检查与测量气门组合气门传动组各零部件。

（3）通过实践操作培养学生精益求精的工匠精神；养成服从管理和规范作业的良好工作习惯。

任务一　气门组的构造与检修

任务介绍

有一位丰田卡罗拉轿车用户将车开到服务站，车主反映该车目前共行驶了30多万千米，但最近明显感觉车辆行驶无力，油耗增加，需要维修。

任务分析

本节任务包括配气机构的功能及组成、气门组等，重点掌握气门拆装流程以及检测内容。

相关知识

一、配气机构的作用

配气机构是控制发动机进气和排气的装置，其作用是按照发动机的工作循环和点火次序的要求，定时开启和关闭各缸的进、排气门，以便在进气行程使尽可能多的可燃混合气进入气缸；在排气行程将废气快速排出气缸。

二、配气机构的组成

配气机构由气门传动组和气门组组成。发动机工作时，曲轴通过气门传动组驱动气门组中气门的打开和关闭，使发动机完成进气、压缩、做功和排气过程，如图3-1所示。

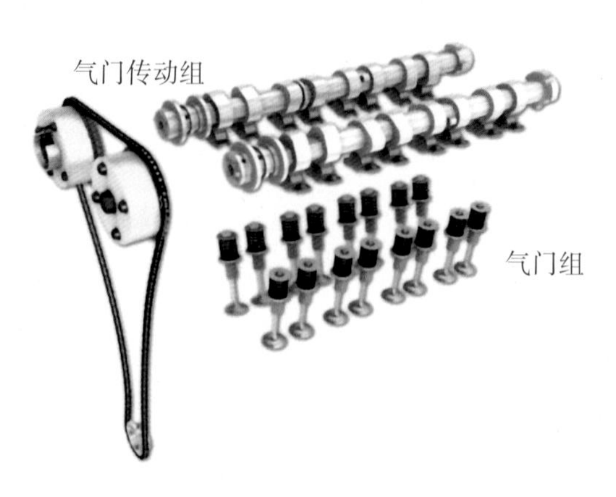

图3-1　配气机构的组成

三、气门组

气门组主要作用是在发动机工作时，受气门传动组的控制，定时地开启或关闭进、排气门，让新鲜的可燃混合气进入气缸，废气及时地从气缸中排出。

气门组主要由气门、气门座、气门导管、气门弹簧、气门弹簧座、气门锁片和气门油封等零部件组成，如图3-2所示。

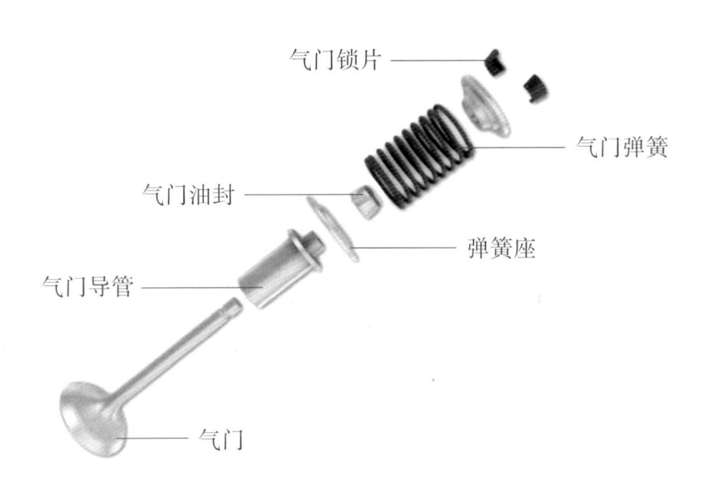

图3-2　气门组的组成

（一）气门

气门的作用是向发动机内输入空气并排出燃烧后的废气。

气门分进气门和排气门，构造基本相同。主要由气门头部、气门杆和气门尾部三部分组成，其中气门头部包含密封锥面，气门尾部包含锁片环槽。

气门头部与气门座接触的工作面称为气门密封锥面，该密封锥面与气门顶平面的夹角称为气门锥角。

（二）气门座

气门座与气门头部共同对气缸起密封作用，并接收气门传来的热量。气门座一般是用合金铸铁等材料单独制作成气门座圈，用冷缩法镶入气缸盖中。

（三）气门导管

气门导管的作用是起导向作用，保证气门做直线往复运动，使气门与气门座正确贴合。气门导管还起导热作用，将气门杆的热量传给气缸盖。

（四）气门弹簧

气门弹簧的作用是关闭气门，靠弹簧张力使气门紧紧压在气门座上，克服气门和气门传动组所产生的惯性力，防止气门的跳动，保证气门的密封性。

（五）气门弹簧座与锁片

为了将气门和气门弹簧可靠连接，防止气门脱落掉入气缸，一般采用锁片固定。

锁片式固定方式的气门杆上有环形槽，外圆为锥形，内孔有环形凸台的锁片分成两半。气门组装配到气缸盖上后，锁片内孔环形凸台卡在气门杆上的环槽内，在气门弹簧的作用下，锁片外圆锥面与气门弹簧座锥形内孔配合，将气门弹簧座与气门固定。

（六）气门油封

气门杆和气门导管之间有一定间隙，配气机构工作时飞溅的润滑油就会顺着间隙流到气门杆和气门导管之间，从而进入气缸，造成发动机机油消耗增加，因此，要在气门导管上安装气门油封，以控制机油的泄漏。气门油封是一种骨架式耐高温橡胶油封。

实践操作

一、实训器材

（1）发动机实训台架。

（2）磁力表座、百分表、外径千分尺、游标卡尺、塑料间隙规等。

（3）常用维修工具和维修手册等。

二、作业准备

（1）发动机预先拆下气缸盖、油底壳和活塞连杆组等。

（2）将工量具与预先拆下的零件摆放整齐。

三、操作步骤

（一）气门组的拆卸与清洁

进、排气门的拆卸

1.气门组的拆卸

（1）首先从气缸体上拆下气缸盖总成。

（2）准备两个木块放到工作台上，再将拆下的气缸盖放到工作台的木块上。

（3）用标记工具在各个气门顶部做好对应气缸的标记，防止拆卸后混乱。

（4）用气门弹簧拆装钳压下气门弹簧，如图3-3所示。

（5）使用尖嘴钳夹出气门锁片。

（6）取下气门弹簧拆装钳。

（7）取出气门弹簧座。

（8）取出气门弹簧。

（9）从气缸盖下部取出气门，并按顺序摆放好。

（10）用尖嘴钳夹下气门油封，如图3-4所示。

图3-3　气门弹簧的拆卸

图3-4　气门油封的拆卸

2.气门组的清洁

（1）使用铲刀或钢丝刷清除气门头部的积碳。

（2）使用压缩空气吹净气缸盖上的润滑油油道和气门导管内孔等。

3.气门的测量

（1）用抹布清洁游标卡尺并校零。

（2）测量气门的总长度；当低于规定值时，则要更换气门。

（3）用游标卡尺测量气门头部边缘厚度；当低于规定值或接近规定值时，应更换气门，如图3-5所示。

气门的测量

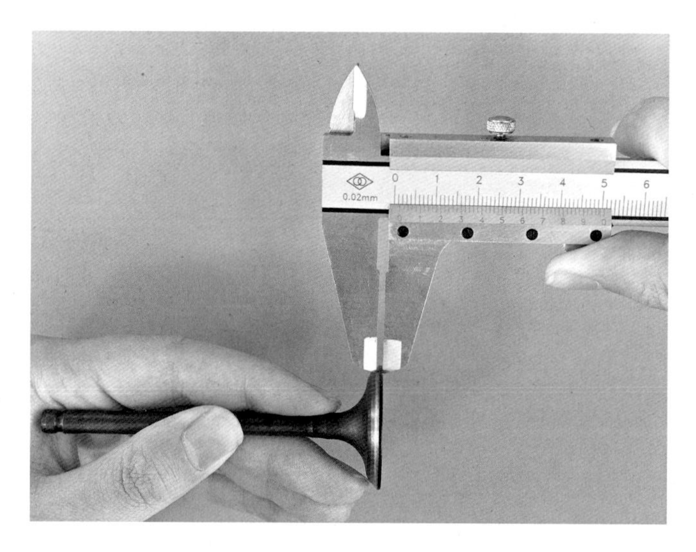

图3-5　气门头部边缘厚度的测量

（4）用抹布清洁千分尺并校零。

（5）测量气门杆的直径，共需要测量上、中、下的各两处位置；如测量值不在规定范围内，应检查气门杆与气门导管的配合间隙是否过大，如间隙过大，应更换气门和气门导管，如图3-6所示。

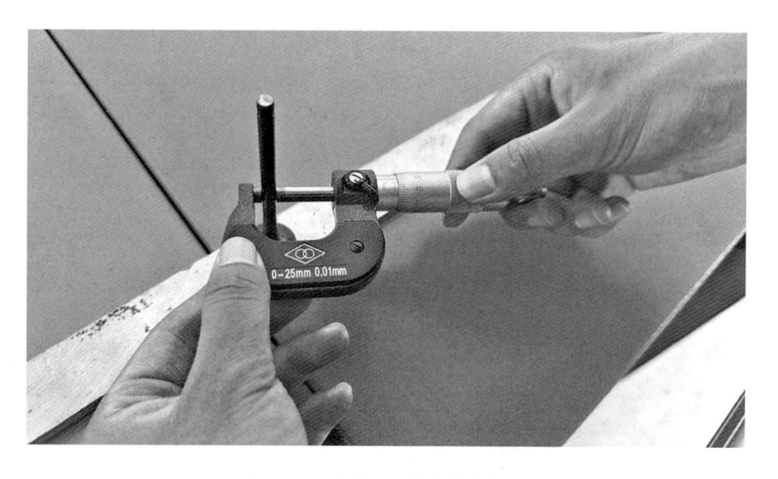

图3-6　气门杆直径的测量

4.气门弹簧的测量

（1）用抹布清洁游标卡尺并校零。

（2）用游标卡尺测量气门弹簧的长度；如测量值不在规定范围内，则应更换气门弹簧。

（3）将气门弹簧放置在水平的工作台面上，将钢角尺放在气门弹簧的一侧，用塞尺测量钢角尺与气门弹簧上部的间隙（偏移量）；如测量值不在规定范围内，则应更换气门弹簧，如图3-7所示。

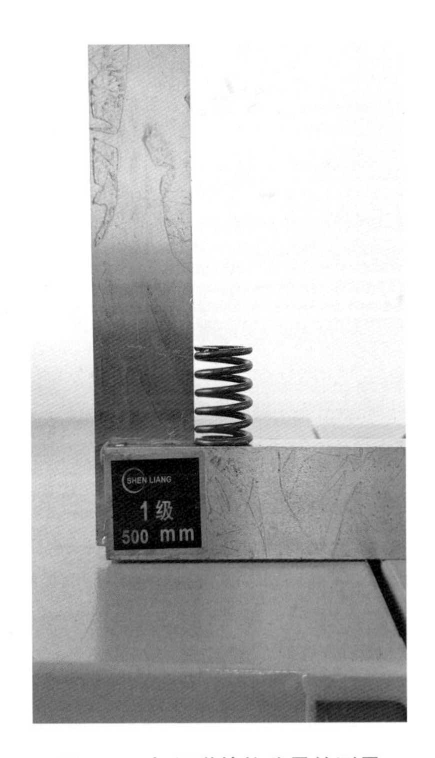

图3-7　气门弹簧偏移量的测量

（二）气门组的安装

1. 气门油封的安装

（1）检查新的气门油封是否一致。

（2）在气门油封上涂一层新的润滑油。

（3）将气门油封放在气门导管上，用气门油封专用工具将气门油封压套在气门导管顶端，并确保安装到位。

2. 气门组其他部件的安装

（1）在气门的尾部和气门杆上涂少量的润滑油，再装入对应气缸的气门导管内。

（2）按以上步骤将所有气缸的进气门和排气门安装到位。

（3）安装气门弹簧下座。

（4）安装气门弹簧（注意安装方向）。

（5）安装气门弹簧上座。

（6）使用气门弹簧拆装钳压下气门弹簧。

（7）将两片气门锁片放到气门尾部的锁片环槽上，并慢慢放松拆装钳。

（8）待气门锁片完全落到气门尾部的锁片环槽内后，取下气门弹簧拆装钳。

（9）使用橡胶锤敲击气门杆尾部，确保气门锁片安装牢固。

（10）清洁气门组及气缸盖表面。

思考与练习

（1）气门组主要作用是在发动机工作时，受气门传动组的控制，定时地开启或关闭进、排气门，让新鲜的__________进入气缸，废气及时地从气缸中排出。通过气门传动组中凸轮轴的转动压缩弹簧来打开气门，再通过__________的弹力回位来关闭气门。

（2）写出图3-8划线处零部件的名称。

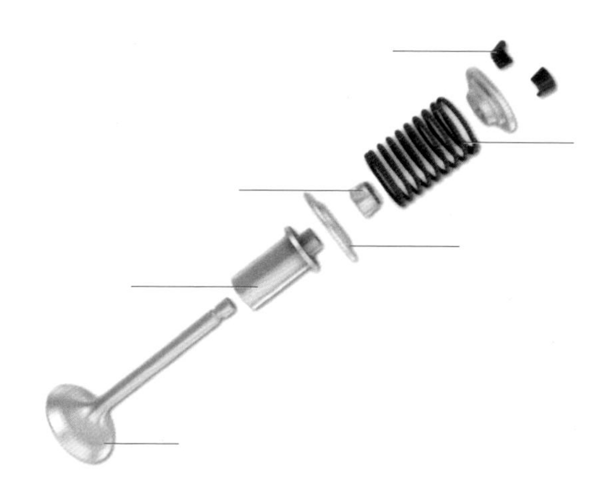

图3-8　气门的组成

任务一工单　气门组的构造与检修

1. 任务分组

班级		组号		指导老师	
组长		学号			
小组成员	姓名	学号	角色分工		
			监护人员		
			操作人员		
			记录人员		
			评分人员		

2. 任务准备

注意事项：

（1）进入实训车间应穿戴工作服、工作鞋，不可佩戴手表、钥匙等金属配饰，以免划伤实训设备。

（2）学生操作时，必须有教师进行指导和监护。

（3）注意工具的正确使用和摆放，以防掉落伤人。

工具准备：

实训车辆、工具箱、世达120件套、座椅三件套、翼子板布和前格栅布、手套。

防护准备：

进入实训场地的教师和学生须全部穿实训服。

3. 任务实施

学生在教师的指导下完成分组，小组成员合理分工，完成气门组实训操作任务。

<table>
<tr><th>序号</th><th>作业内容</th><th>具体作业要求</th><th colspan="2">结果记录</th></tr>
<tr><td rowspan="4">1</td><td rowspan="4">车辆信息记录</td><td>品牌</td><td colspan="2"></td></tr>
<tr><td>台架型号</td><td colspan="2"></td></tr>
<tr><td>发动机排量</td><td colspan="2"></td></tr>
<tr><td>发动机型号</td><td colspan="2"></td></tr>
<tr><td rowspan="4">2</td><td rowspan="4">气门组的清洗与检查
（　　）缸（　　）组</td><td>气门目视检查</td><td colspan="2"></td></tr>
<tr><td>气门弹簧目视检查</td><td colspan="2"></td></tr>
<tr><td>气门座目视检查</td><td colspan="2"></td></tr>
<tr><td>气门导管目视检查</td><td colspan="2"></td></tr>
<tr><td rowspan="9">3</td><td rowspan="9">气门的测量</td><td>测量项目</td><td>进气门</td><td>排气门</td></tr>
<tr><td>长度测量值</td><td></td><td></td></tr>
<tr><td>长度标准值</td><td></td><td></td></tr>
<tr><td>头部边缘厚度测量值</td><td></td><td></td></tr>
<tr><td>头部边缘厚度标准值</td><td></td><td></td></tr>
<tr><td>气门杆 A 截面直径
测量值</td><td></td><td></td></tr>
<tr><td>气门杆 A 截面直径
标准值</td><td></td><td></td></tr>
<tr><td>气门杆直径测量值</td><td></td><td></td></tr>
<tr><td>气门杆直径标准值</td><td></td><td></td></tr>
<tr><td rowspan="5">4</td><td rowspan="5">气门弹簧的测量</td><td>测量项目</td><td>进气侧</td><td>排气侧</td></tr>
<tr><td>长度测量值</td><td></td><td></td></tr>
<tr><td>长度标准值</td><td></td><td></td></tr>
<tr><td>偏移量测量值</td><td></td><td></td></tr>
<tr><td>偏移量标准值</td><td></td><td></td></tr>
</table>

4.考核评价

序号	技能要求	评分细则	配分	等级	得分
1	安全实训	(1) 能进行工位7S操作 (2) 能进行设备工具安全检查 (3) 能进行场地及设备安全防护操作 (4) 能进行工具清洁、校准、存放操作 (5) 能进行三不落地操作	15	未完成1项扣3分，扣分不得超过15分	
2	技能操作	作业1 (1) 能正确地拆卸进气门和排气门 (2) 能正确地清洁气门组各零部件 作业2 (1) 能正确地检查气门组各零部件 (2) 能正确地测量进、排气门的长度 (3) 能正确地测量进、排气门头部边缘厚度 (4) 能正确地测量进、排气门杆的直径 (5) 能正确地测量气门弹簧的长度 (6) 能正确地测量气门弹簧的偏移量 作业3 (1) 能正确地检查气门的密封性 (2) 能正确地研磨气门与气门座 作业4 (1) 能正确地安装进、排气门油封 (2) 能正确地安装气门弹簧 (3) 能正确地安装进、排气门 (4) 能正确地安装气门锁片	50	未完成1项扣3分，扣分不得超过50分	
3	工具及设备的使用	(1) 能正确地选用维修工具 (2) 能正确地使用维修工具 (3) 能正确地使用游标卡尺 (4) 能正确地使用千分尺 (5) 能正确地使用钢角尺	10	未完成1项扣2分，扣分不得超过10分	

序号	技能要求	评分细则	配分	等级	得分
4	资料查询	（1）能正确地识读维修手册查询资料 （2）能正确地使用用户手册查询资料 （3）能正确地记录所查询的章节及页码 （4）能正确地记录所需维修信息	10	未完成1项扣2分，扣分不得超过10分	
5	数据分析	（1）能判断气门杆外观是否正常 （2）能判断气门弹簧外观是否正常 （3）能判断气门座外观是否正常 （4）能判断气门导管外观是否正常	10	未完成1项扣2分，扣分不得超过10分	
6	表单填写	（1）字迹清晰 （2）语句通顺 （3）无错别字 （4）无涂改 （5）无抄袭	5	未完成1项扣1分，扣分不得超过5分	

任务二　气门传动组的构造与检修

任务介绍

一位丰田卡罗拉轿车用户将车开到维修站，车主反映发动机冷起动时发出有节奏、连续清脆的“嗒嗒”金属敲击声，中速时明显，高速时响声杂乱，当发动机热机一段时间后，异响声减小，需要维修。

任务分析

本节任务包括气门传动组的作用及组成、重要部件的认知，重点掌握气门传动组的拆装流程以及检测内容。

相关知识

一、气门传动组的作用

气门传动组的作用是在曲轴的驱动下，使进、排气门按规定的时刻进行开闭，并保证气门有足够的开度。

二、气门传动组的组成

气门传动组由于气门驱动形式和凸轮轴位置的不同，气门传动组的零件组成差别很大。其主要包括曲轴正时齿轮、正时皮带（或正时链条）、凸轮轴正时齿轮、凸轮轴、挺柱、摇臂和摇臂轴等，如图3-9所示。

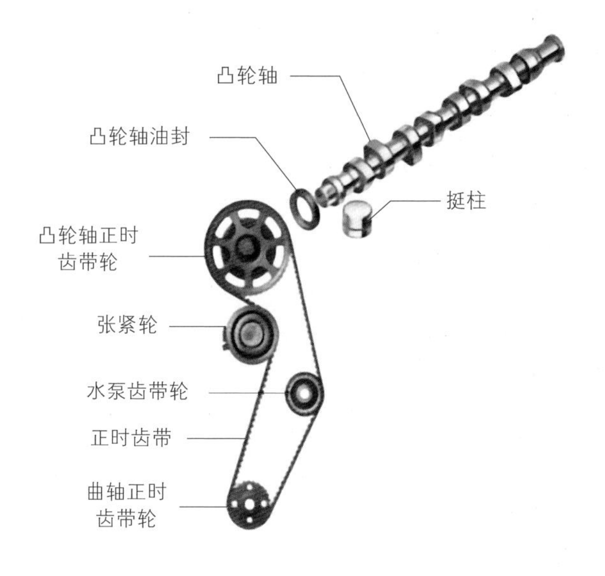

图3-9　气门传动组的组成

（一）凸轮轴

1.作用

凸轮轴的作用是根据发动机工作循环要求，使各缸进、排气门按照配气相位规定的时间开启和关闭。

2.结构

对于DOHC的发动机，有进气凸轮轴和排气凸轮轴，它主要由各缸凸轮、凸轮轴轴颈等组成，如图3-10所示。

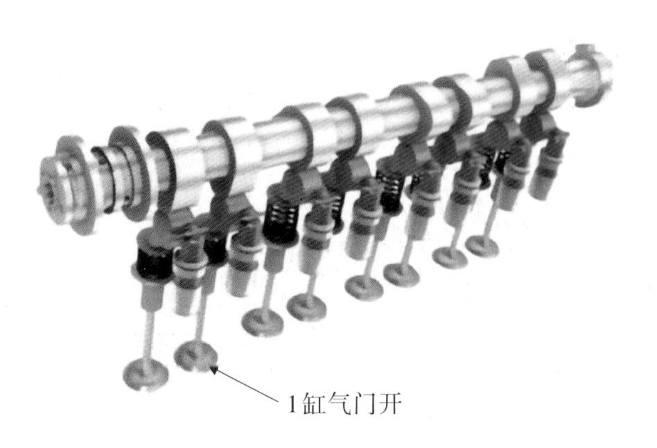

图3-10　凸轮轴的组成

（二）气门挺柱

挺柱的作用是将凸轮的推力传递给推杆或气门杆，并承受凸轮轴旋转时所施加的侧向力。挺柱可分为普通机械式和液压式两种。

实践操作

一、实训器材

（1）发动机实训台架。

（2）塞尺、外径千分尺、游标卡尺等。

（3）常用维修工具和维修手册等。

二、作业准备

（1）预先拆下外围附件与进排气歧管等。

（2）将工量具与预先拆下的零件摆放整齐。

三、操作步骤

（一）凸轮轴检修

1.凸轮轴轴向间隙的测量

（1）将磁性表座的各个接杆调整到合适位置。

（2）检查百分表的指针移动是否灵活，刻度盘是否能够转动。

（3）将百分表安装到磁性表座的接杆上。

（4）用抹布清洁凸轮轴上需要测量的位置和工作台（或翻转架）上需要安装磁性表座的位置。

（5）将磁性表座安装在凸轮轴前部的工作台面上，调整磁性表座接杆，使百分表测量杆垂直顶在凸轮轴的前端，同时将百分表指针预压1～2 mm。

（6）转动百分表的刻度盘，使指针对正“0”刻度。

（7）用一字螺丝刀撬动凸轮轴向前移动，观察百分表指针的偏摆值。

（8）再撬动凸轮轴向后移动，观察百分表指针的偏摆值；前后两次的偏摆值相加即为凸轮轴的轴向间隙，如图3-11所示。

2.凸轮轴的拆卸与清洁

（1）检查凸轮轴正时带轮上的标记与正时后防护罩上的标记是否对准，如没有对准，可使用合适工具顺时针旋转凸轮轴使两个标记对准。

（2）使用合适套筒与扳手按照先两侧、后中间，分次拧松凸轮轴轴承盖螺母。

（3）依次取下各道凸轮轴轴承盖，按顺序放好，以免错乱。

（4）取下凸轮轴。

（5）使用磁性吸棒依次吸出挺柱并按照顺序放好，以免错乱。

（6）使用清洗剂清洗凸轮轴轴承盖和凸轮轴等。

（7）使用压缩空气吹洗凸轮轴上的油道和气缸盖上的油道。

凸轮轴的拆卸

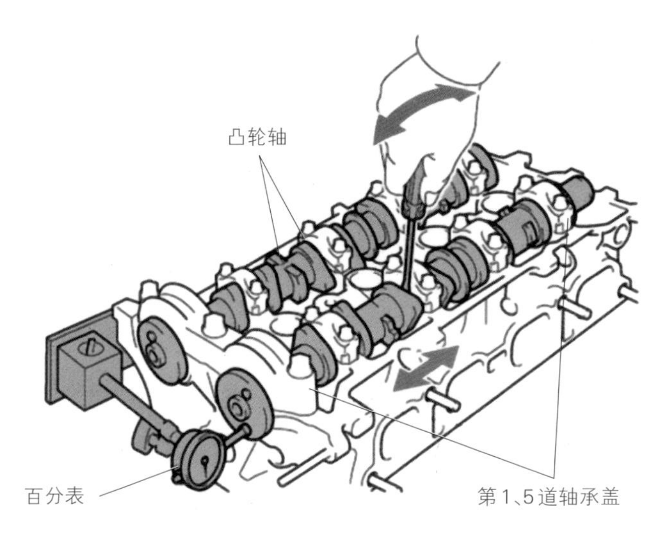

图3-11 轴向间隙的测量

3.目视检查零件状况

（1）目视检查凸轮轴状况，检查凸轮轴轴颈和凸轮是否存在磨损沟槽、烧蚀等明显故障。

（2）检查凸轮轴各轴承盖是否存在磨损沟槽、烧蚀等明显故障。

（3）检查挺柱是否存在磨损沟槽等明显故障。

4.凸轮轴的测量

（1）检查凸轮轴的弯曲度，将凸轮轴放在V型铁上，使用磁性表座与百分表测量中间轴颈的跳动量，该跳动量即为凸轮轴的弯曲度。最大弯曲度为0.03 mm。如果弯曲度超过最大值，则更换凸轮轴，如图3-12所示。

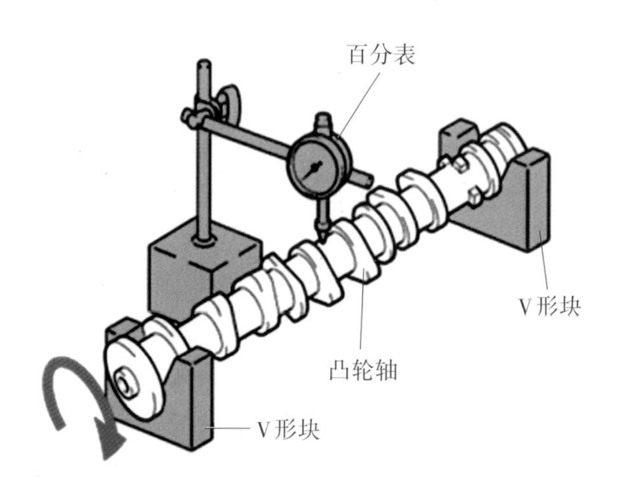

图3-12 凸轮轴弯曲度的测量

（2）测量凸轮轴凸顶高度：用千分尺测量凸轮轴凸顶高度，将测量值与维修手册规定值对比，如果凸顶高度低于最小值，则更换凸轮轴，如图3-13所示。

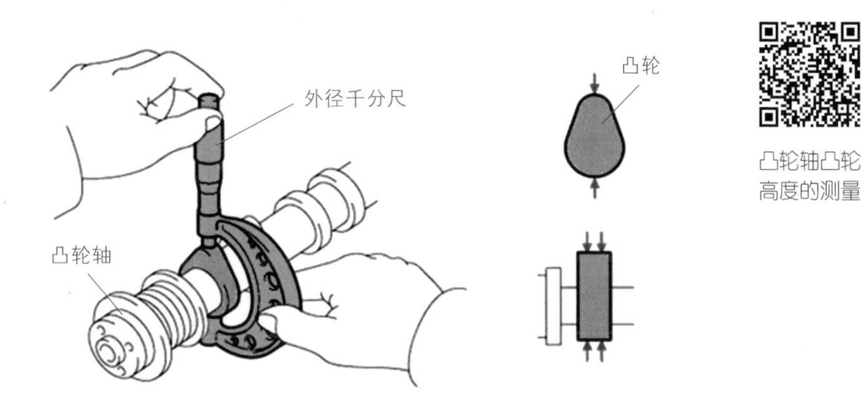

图3-13　凸轮轴凸顶高度的测量

（二）气门传动组的安装

挺柱与凸轮轴的安装

（1）在挺柱表面涂抹润滑油，并对号入座安装到原来的位置。

（2）将凸轮轴安放到气缸盖上，转动凸轮轴，使第一缸进、排气凸轮朝上并润滑凸轮轴轴颈表面。

（3）安装凸轮轴油封。

（4）在凸轮轴轴承盖内涂润滑油并依次安装各凸轮轴轴承盖，保证对号入座。

（5）使用合适套筒与扳手按照先中间、后两侧，分次拧紧凸轮轴轴承盖螺栓。

思考与练习

气门传动组的作用是在____________的驱动下，使进、排气门按规定的时刻进行开闭，并保证____________有足够的开度。

任务二工单 气门传动组的构造与检修

1.任务分组

班级		组号		指导老师	
组长		学号			
小组成员	姓名	学号	角色分工		
			监护人员		
			操作人员		
			记录人员		
			评分人员		

2.任务准备

注意事项：

（1）进入实训车间应穿戴工作服、工作鞋，不可佩戴手表、钥匙等金属配饰，以免划伤实训设备。

（2）学生操作时，必须有教师进行指导和监护。

（3）注意工具的正确使用和摆放，以防掉落伤人。

工具准备：

实训车辆、工具箱、世达120件套、座椅三件套、翼子板布和前格栅布、手套。

防护准备：

进入实训场地的教师和学生须全部穿实训服。

3.任务实施

学生在教师的指导下完成分组，小组成员合理分工，完成气门传动组实训操作任务。

<table>
<tr><th>序号</th><th>作业内容</th><th>具体作业要求</th><th colspan="4">结果记录</th></tr>
<tr><td rowspan="4">1</td><td rowspan="4">车辆信息记录</td><td>品牌</td><td colspan="4"></td></tr>
<tr><td>台架型号</td><td colspan="4"></td></tr>
<tr><td>发动机排量</td><td colspan="4"></td></tr>
<tr><td>发动机型号</td><td colspan="4"></td></tr>
<tr><td rowspan="4">2</td><td rowspan="4">气门传动组的清洗与检查</td><td>凸轮轴目视检查</td><td colspan="4"></td></tr>
<tr><td>挺柱目视检查</td><td colspan="4"></td></tr>
<tr><td>凸轮轴轴承座
目视检查</td><td colspan="4"></td></tr>
<tr><td>凸轮轴轴承盖
目视检查</td><td colspan="4"></td></tr>
<tr><td rowspan="2">3</td><td rowspan="2">正时带的检查</td><td>检查项目</td><td colspan="2">张紧力</td><td colspan="2">外观</td></tr>
<tr><td>正时带</td><td colspan="2"></td><td colspan="2"></td></tr>
<tr><td rowspan="5">4</td><td rowspan="5">气门间隙的测量</td><td>测量项目</td><td>1缸</td><td>2缸</td><td>3缸</td><td>4缸</td></tr>
<tr><td>进气门间隙测量值</td><td></td><td></td><td></td><td></td></tr>
<tr><td>进气门间隙标准值</td><td></td><td></td><td></td><td></td></tr>
<tr><td>排气门间隙测量值</td><td></td><td></td><td></td><td></td></tr>
<tr><td>排气门间隙标准值</td><td></td><td></td><td></td><td></td></tr>
<tr><td rowspan="5">5</td><td rowspan="5">凸轮轴的测量</td><td>测量项目</td><td>1缸</td><td>2缸</td><td>3缸</td><td>4缸</td></tr>
<tr><td>进气侧凸顶的高度
测量值</td><td></td><td></td><td></td><td></td></tr>
<tr><td>进气侧凸顶的高度
标准值</td><td></td><td></td><td></td><td></td></tr>
<tr><td>排气侧凸顶的高度
测量值</td><td></td><td></td><td></td><td></td></tr>
<tr><td>排气侧凸顶的高度
标准值</td><td></td><td></td><td></td><td></td></tr>
<tr><td rowspan="3">6</td><td rowspan="3">凸轮轴的测量</td><td>测量项目</td><td colspan="2">进气侧</td><td colspan="2">排气侧</td></tr>
<tr><td>轴向间隙测量值</td><td colspan="2"></td><td colspan="2"></td></tr>
<tr><td>轴向间隙标准值</td><td colspan="2"></td><td colspan="2"></td></tr>
</table>

序号	作业内容	具体作业要求	结果记录	
6	凸轮轴的测量	弯曲度测量值		
		弯曲度标准值		
7	查阅维修手册	凸轮轴轴承盖螺栓拧紧力矩	第___章_____页 规格_____	

4.考核评价

序号	技能要求	评分细则	配分	等级	得分
1	安全实训	（1）能进行工位7S操作 （2）能进行设备工具安全检查 （3）能进行场地及设备安全防护操作 （4）能进行工具清洁、校准、存放操作 （5）能进行三不落地操作	15	未完成1项扣3分，扣分不得超过15分	
2	技能操作	作业1 （1）能正确地拆卸正时带 （2）能正确地拆卸凸轮轴 作业2 （1）能正确地检查进、排气凸轮轴外观 （2）能正确地检查挺柱外观 （3）能正确地检查凸轮轴轴承座外观 （4）能正确地检查正时带外观 作业3 （1）能正确地测量气门间隙 （2）能正确地测量凸轮轴凸轮高度 作业4 （1）能正确地组装磁力表座 （2）能正确地测量凸轮轴轴向间隙 （3）能正确地测量凸轮轴的弯曲度 作业5 （1）能正确地安装凸轮轴 （2）能按正确顺序拧紧凸轮轴轴承盖螺栓 （3）能正确对正配气正时 （4）能正确地安装正时带	50	未完成1项扣3分，扣分不得超过50分	

序号	技能要求	评分细则	配分	等级	得分
3	工具及设备的使用	（1）能正确地选用维修工具 （2）能正确地使用维修工具 （3）能正确地使用磁力表座 （4）能正确地使用千分尺 （5）能正确地使用百分表	10	未完成1项扣2分，扣分不得超过10分	
4	资料查询	（1）能正确地识读维修手册查询资料 （2）能正确地使用用户手册查询资料 （3）能正确地记录所查询的章节及页码 （4）能正确地记录所需维修信息	10	未完成1项扣2分，扣分不得超过10分	
5	数据分析	（1）能判断凸轮轴是否正常 （2）能判断气门间隙是否正常 （3）能判断挺柱是否正常 （4）能判断凸轮轴轴承盖、轴承座是否正常	10	未完成1项扣2分，扣分不得超过10分	
6	表单填写	（1）字迹清晰 （2）语句通顺 （3）无错别字 （4）无涂改 （5）无抄袭	5	未完成1项扣1分，扣分不得超过5分	

冷却系统的构造与检修

思政讲堂

汽车发动机的工作循环包括进气、压缩、做功、排气等四个行程，对于汽油机而言，气缸内可燃混合气燃烧过程中产生高温，如果不对发动机采取必要的冷却措施，将不能保证其正常工作。发动机冷却系统的任务就是使发动机得到适度的降温，保持其在最适宜的温度范围内工作。冷却系统结构及冷却液不同循环路线突出了小零件——节温器所起到的大作用。发动机要想正常工作离不开每一个小零件的作用，我们作为国家和社会的个体，即使是一名普通劳动者，也同样可以为国家的繁荣昌盛和社会的进步起到大作用。在这个高标准、严要求的大背景下，我们每个人只有坚持做好自己的本职工作、尽到自己的职责、守好自己的初心，才能为快速发展的汽车事业贡献自己的一份力量。

实训目标

（1）能规范地检测与更换冷却液。

（2）能熟练地拆装冷却系统各零部件。

（3）通过实践操作培养学生精益求精的工匠精神；养成服从管理和规范作业的良好工作习惯。

任务一　冷却系统的构造与检修

任务介绍

有一位丰田卡罗拉轿车用户将车开到服务站，车主反映发动机冷却液温度指示灯点亮，拔出机油尺发现机油呈乳白色，需要维修。

任务分析

本节任务包括认识和熟练拆装冷却系统各零部件，并能对其进行检测和维修。重点是掌握各零部件的拆装和检修。

相关知识

一、冷却系统的作用

冷却系统的主要作用是控制发动机的温度，防止其过热或过冷。冷却系统通过将发动机工作时产生的热量散发到空气中，确保发动机在适宜的温度范围内工作。这包括在发动机过热时增加冷却强度，以及在寒冷环境下提供额外的热量来防止发动机过冷。冷却系统还根据发动机的负荷、转速和温度变化调整冷却强度，以保证发动机迅速升温并维持在正常温度。

二、冷却系统的分类

汽车发动机的冷却系统有风冷和水冷之分，以空气为冷却介质的冷却系统称为风冷系统；以冷却液为冷却介质的冷却系统称为水冷系统。汽车发动机大多采用水冷却系统，如图4-1所示。

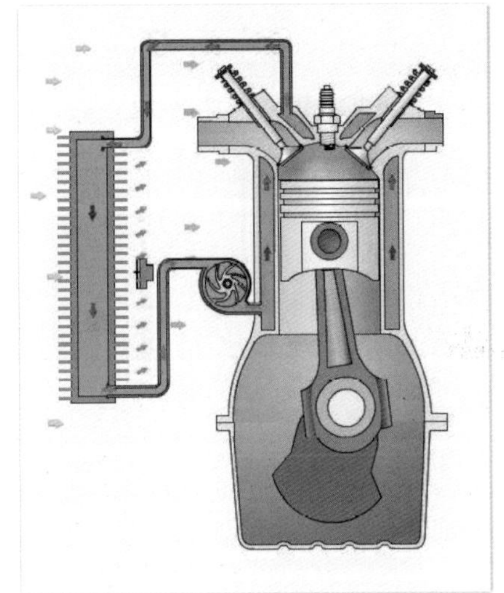

风冷式

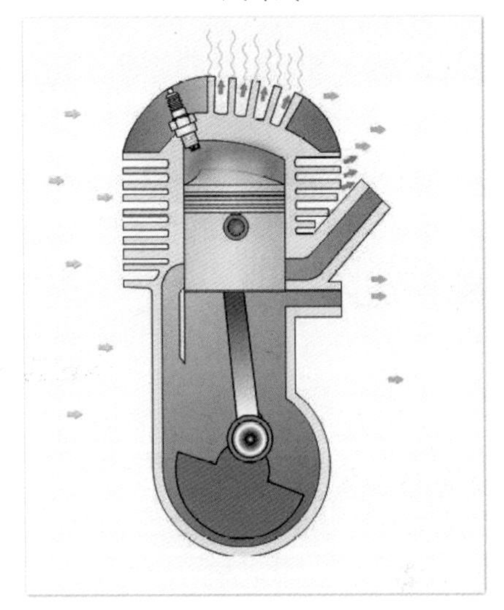

图4-1　冷却系统的分类

三、水冷却系统的组成

（一）冷却系统的循环

汽车发动机的冷却系统为强制循环水冷系统，即利用水泵提高冷却液的压力，强制冷却液在发动机中循环流动，有大循环和小循环两种状态，如图4-2和4-3所示。

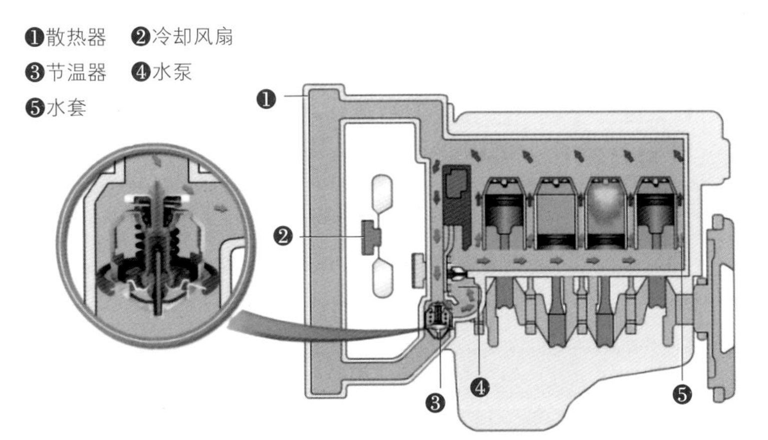

冷却液的循环路径受节温器的控制，并且随着发动机工作温度的变化而改变。

发动机未达到正常工作温度（卡罗拉84 ℃）之前，节温器主阀门关闭，副阀门开启，冷却液进行小循环。

图4-2　小循环路线图

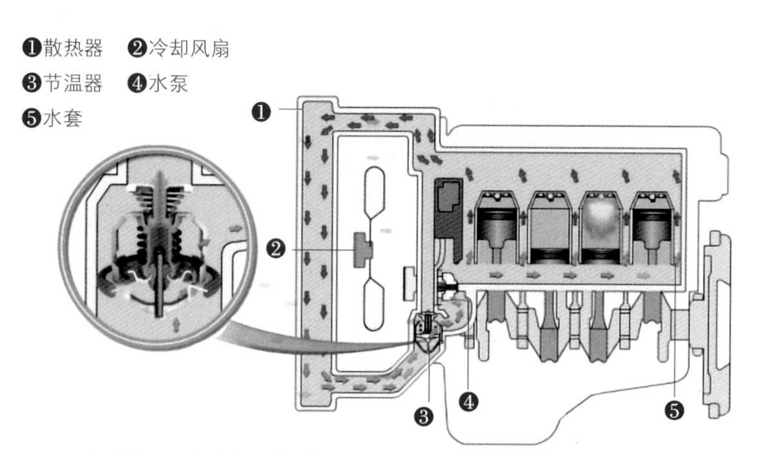

图4-3 大循环路线图

（二）冷却系统部件

汽车发动机采用的水冷系统大部分是强制循环式水冷系统，它是利用冷却液泵（简称水泵）将冷却液在水套和散热器之间进行循环来完成对发动机的冷却。强制循环式水冷却系统一般由节温器、水泵、散热器、膨胀水箱、风扇、冷却液温度感应器、水管、水套等组成。

1. 节温器

节温器的作用是根据发动机的温度自动控制冷却液的循环路线。目前，大多数发动机采用蜡式节温器，安装于缸盖出水口处，控制冷却水通往散热器的流量。

压力式冷却系统均使用蜡式节温器，由支架、推杆、胶管、蜡管、石蜡、弹簧、通气孔摆锤、主阀门和副阀门等组成，如图4-4所示。

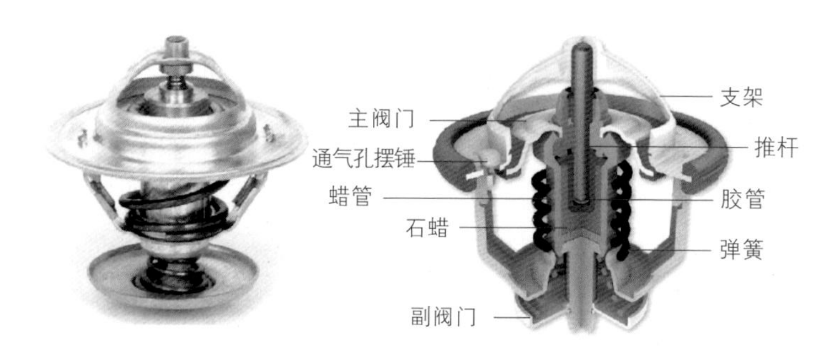

图4-4 节温器的结构

2.水泵

水泵的作用是将冷却液加压后输送到发动机气缸体水套中，使之在冷却系统中循环流动。汽车发动机冷却液泵一般采用离心式，主要由叶轮、水泵盖、水泵轴承、水泵轴和皮带轮等组成。

3.散热器

散热器也称为水箱，作用是将冷却液从水套内吸收的热量传递给外界空气，使冷却液降温，并为冷却系统储存一定量的冷却液。

4.膨胀水箱

膨胀水箱有溢液管接口和补偿管接口两个软管连接接口，分别通过橡胶软管连接到发动机的水冷系统中。

发动机工作时会使冷却水温度升高并膨胀，水箱内压力上升，部分冷却液溢入膨胀水箱；当冷却液降温时，部分冷却液又被吸回散热器，膨胀水箱还可消除水冷系统中的气泡，如图4-5所示。

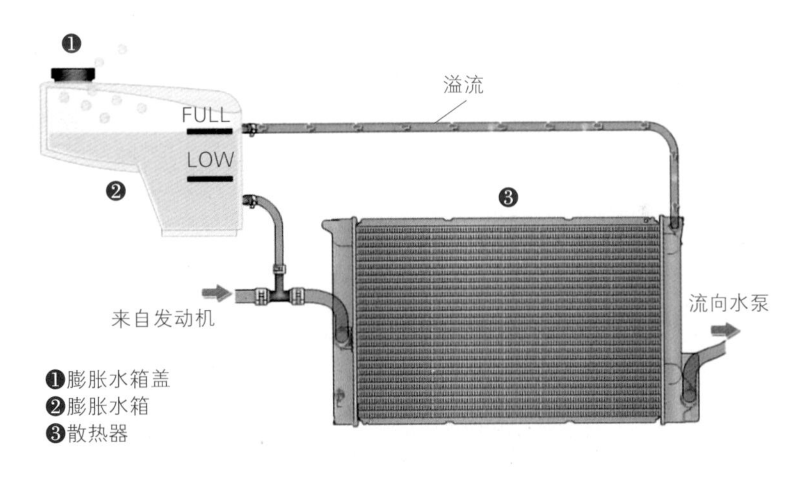

图4-5　膨胀水箱的结构

5.风扇

风扇是为了提高流经水箱散热片空气的流速和流量，以提高冷却强度，一般安装在水箱和发动机之间，由发动机皮带或电动机驱动。

实践操作

一、实训器材

（1）可运行的发动机实训台架。

（2）冰点仪、百分表、万用表、游标卡尺、温度计等。

（3）常用维修工具和维修手册等。

二、作业准备

（1）将车辆摆放到工位上。

（2）铺好车内和车外三件套。

三、操作步骤

如果仪表板指示水温过高，严禁马上打开水箱盖检查冷却系统的状况，否则冷却系统的高温蒸汽会喷出对人员造成伤害，而应该等待冷却系统温度自然降下来后，再进行如下的检查作业。

（一）冷却水的检查、添加与更换

1.冷却液的检查与添加

（1）检查冷却液的液面位置：检查补偿水箱里的液面，冷却水的液面位置应在最低（min或low）和最高（max或full）两条标记线之间。如果冷却液位过低或没有冷却液，说明冷却液发生了泄漏，需要检查冷却液的泄漏部位，一般泄漏部位都会有水垢的痕迹，然后更换发生泄漏的部件，再将冷却液添加到合适的位置，如图4-6所示。

冷却液液面的检查

图4-6　冷却液液位检查

（2）检查冷却液的质量：水箱盖或水箱加水口的周围应没有较严重的锈迹或积垢。如果过脏，则应更换冷却水。

（3）检查冷却液的冰点：用冰点仪检测冷却液的冰点。

2.冷却液的更换

（1）拧下水箱盖。

（2）从水箱和发动机的泄放开关处排出冷却水，如丰田车系在水箱的下方有个放水开关，而部分车系可能要把水箱的出水管拆卸下来才能排出冷却水。

（3）关闭放水开关。

（4）向系统内注入冷却水或防冻液。

（5）装上水箱盖。

（6）起动发动机的同时，检查是否有渗漏现象。

（7）再检查冷却水液面位置，如有必要再次添加冷却水或防冻液（打开水箱盖的时候应注意安全，防止冷却液温度没有完全降下来，造成喷溅伤人，可把毛巾放到水箱盖上，缓慢拧松水箱盖，直至蒸汽释放后再拆下水箱盖）。

（二）水泵传动带的检查与调整

1.传动带张力的检查与调整

传动带松紧度的检查方法：用手指压下皮带的中部，如图4-7所示，若压下量过大，说明水泵或风扇皮带过松，应调整。

传动带松紧度的调整方法：拧松调整支架的固定螺栓，通过拧进和拧出调整支架上的螺栓就可调节皮带的张力。

2.传动带的检查

目视检查皮带是否过度磨损，加强筋是否损坏，如传动带中间带棱上出现一些裂纹是可以继续使用的，如果带棱有脱落，则必须更换皮带。

（三）风扇的检查

当发动机水温过高或打开空调时，冷却风扇应能旋转，如果检查时发现风扇不转或转速过低，说明风扇电机损坏或风扇控制电路故障。检查风扇电机是否损坏，可以给电机施加蓄电池电压，检查电机是否运转正常，如不运转，则更换风扇电机总成。如运转正常，则需要检查水温感应器和风扇控制电路的故障。

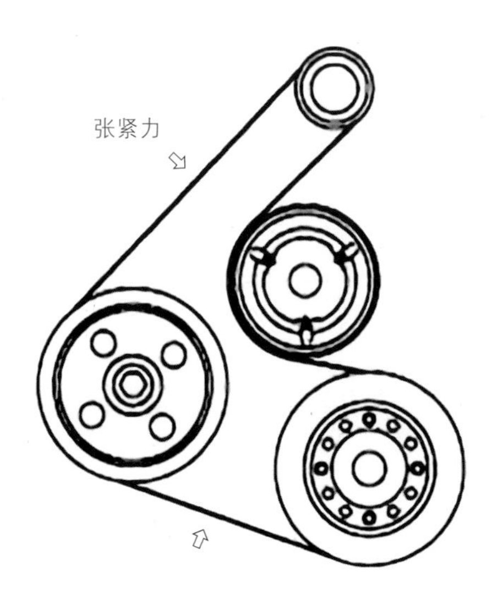

图4-7　传动带张力的检查

（四）水箱的拆装、清洗与检查

1.水箱的检查

水箱及冷却系统密封性检查：发动机停止运转时，在水箱加水口装上水箱压力检测器，在水箱内充入100 kPa的压缩空气，观察压力检测器的下降值，若2 min内压力下降超过15 kPa，则水箱或冷却水道有泄漏，如图4-8所示。

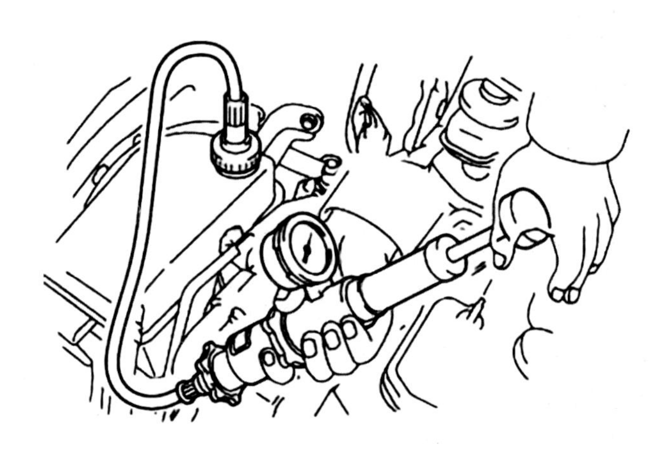

图4-8 水箱压力测试

2.水箱的拆装

（1）排放冷却液。

（2）松开水箱进、出冷却水管上的夹箍，拔下水箱上的进、出冷却水软管。

（3）拔下冷却风扇电机线束的连接器。

（4）拆下水箱上部的固定螺丝。

（5）将水箱连同风扇一起拆下。

3.水箱的清洗

水箱在使用过程中，会因腐蚀和积垢等原因影响冷却效果。清洗水箱、去除水垢，是恢复水箱散热能力的有效方法。

一般采用解体法清洗，即拆去上、下水室（或左、右水室），用通条疏通散热管；对于不能解体的散热器，当有严重脏污时就必须更换水箱。

4.水箱的安装

按照与拆卸相反顺序安装水箱即可。

（五）节温器的拆卸与检查

1.节温器的拆卸

（1）先从放水开关处放出部分冷却水。

（2）拆开气缸盖端的水箱进水管。

（3）拆开节温器盖，取出节温器。

2. 节温器的检查

（1）将拆下的节温器放入透明玻璃容器中加热，并用温度计测量水温，如图4–9所示。

（2）检查阀的初开温度、全开温度及其开启量。如不符合规定时，应更换节温器。

3. 节温器的更换

（1）安装节温器时，节温器外壳垫片必须更换。节温器上的排气孔或摆锤孔必须向上，在加注冷却水时，空气才能排出；若安装方向错误，会造成排气不良，从而影响散热效果。

（2）安装节温器盖及水箱进水管。

（3）补充冷却水或防冻液，并检查液位。

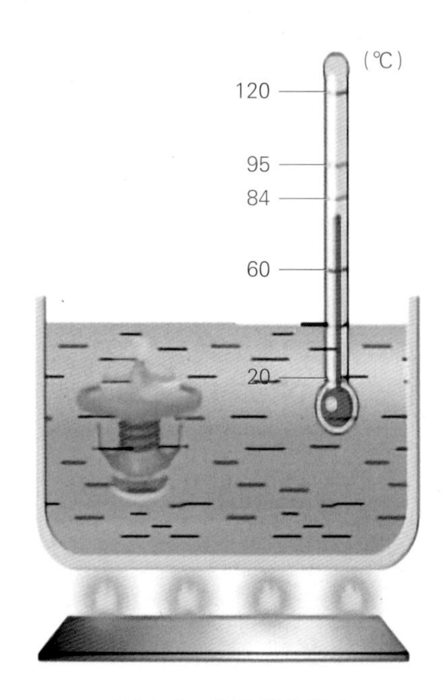

图4–9　节温器的检查

（六）水泵的检查与更换

1. 水泵的检查

（1）检查水泵壳体上应无冷却液或冷却液泄漏的痕迹，否则应更换水泵。

（2）先拆下驱动水泵的皮带，摇晃水泵皮带轮应无明显的松旷量，否则更换水泵。

（3）旋转水泵皮带轮，检查并确认水泵轴承运转平稳且无噪声，否则更换水泵。如图4–10所示。

图4-10　水泵的检查

2.水泵的拆卸

水泵的拆卸

（1）先从放水开关处放出全部冷却水。

（2）拆卸驱动水泵的皮带。

（3）拧松水泵壳体的固定螺栓，如图4-11所示。

（4）取出水泵。

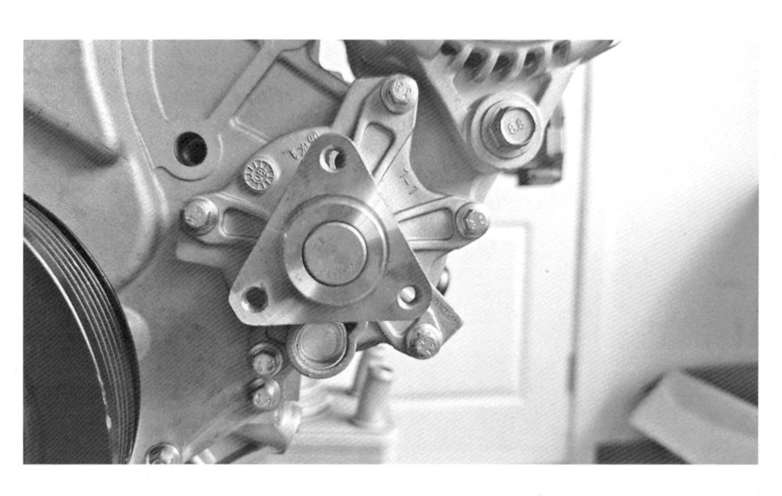

图4-11　水泵壳体固定螺栓

3.水泵的安装

按照与拆卸相反顺序安装水泵即可。

思考与练习

（1）发动机冷却系统的作用是对发动机高温机件进行适度的________，使发动机始终在最合适的________内工作，从而保证发动机长久的正常工作。

（2）汽车发动机的冷却系统按冷却介质不同可分为________系统和风冷却系统，汽车发动机大多采用________系统，它是以________作为介质，吸收高温机件的热量，再由这些吸收了热量的冷却液经过散热器，将热量散发到大气中，可使冷却液温度维持在________℃。

任务一工单　冷却系统的构造与检修

1.任务分组

班级		组号		指导老师	
组长		学号			
小组成员	姓名	学号	角色分工		
			监护人员		
			操作人员		
			记录人员		
			评分人员		

2.任务准备

注意事项：

（1）进入实训车间应穿戴工作服、工作鞋，不可佩戴手表、钥匙等金属配饰，以免划伤实训设备。

（2）学生操作时，必须有教师进行指导和监护。

（3）注意工具的正确使用和摆放，以防掉落伤人。

工具准备：

实训车辆、工具箱、世达120件套、座椅三件套、翼子板布和前格栅布、手套。

防护准备：

进入实训场地的教师和学生须全部穿实训服。

3.任务实施

学生在教师的指导下完成分组，小组成员合理分工，完成冷却系统实训操作任务。

序号	作业内容	具体作业要求	结果记录
1	车辆信息记录	品牌	
		台架型号	
		发动机排量	
		发动机型号	
2	冷却液的检查	冷却液液位	
		冷却液冰点	
		冷却液型号	
3	冷却液的更换与泄露检查	冷却液的更换	
		更换后冷却液液位	
		冷却系统泄露检查	
4	水泵传动带的检查	张紧力	
		外观状况	
5	冷却风扇的检查	风扇电动机	
		风扇继电器	
6	节温器的检查	加热测试	
7	查阅维修手册	水泵固定螺栓拧紧力矩	第____章____页 规格________

4.考核评价

序号	技能要求	评分细则	配分	等级	得分
1	安全实训	（1）能进行工位7S操作 （2）能进行设备工具安全检查 （3）能进行场地及设备安全防护操作 （4）能进行工具清洁、校准、存放操作 （5）能进行三不落地操作	15	未完成1项扣3分，扣分不得超过15分	

序号	技能要求	评分细则	配分	等级	得分
2	技能操作	作业1 （1）能正确地检查冷却液液位 （2）能正确地测量冷却液冰点 （3）能正确地更换冷却液 （4）能正确地检查冷却系统是否泄漏 （5）能正确地检查水泵、散热器 （6）能正确地检查水泵传动带 （7）能正确地检查水泵传动带的磨损情况 作业2 （1）能正确地检查冷却风扇电动机 （2）能正确地给风扇电动机加压测试 （3）能正确地检查节温器 作业3 （1）能正确地拆装水泵传动带 （2）能正确地拆装传动带张紧轮 （3）能正确地拆装节温器 （4）能正确地拆装水泵	50	未完成1项扣3分，扣分不得超过50分	
3	工具及设备的使用	（1）能正确地选用维修工具 （2）能正确地使用维修工具 （3）能正确地使用万用表 （4）能正确地使用线束 （5）能正确地使用冰点测试仪	10	未完成1项扣2分，扣分不得超过10分	
4	资料查询	（1）能正确地识读维修手册查询资料 （2）能正确地使用用户手册查询资料 （3）能正确地记录所查询的章节及页码 （4）能正确地记录所需维修信息	10	未完成1项扣2分，扣分不得超过10分	
5	数据分析	（1）能判断冷却液位是否正常 （2）能判断冷却液冰点是否正常 （3）能判断冷却系统是否泄露 （4）能判断节温器是否正常 （5）能判断风扇是否正常	10	未完成1项扣2分，扣分不得超过10分	
6	表单填写	（1）字迹清晰 （2）语句通顺 （3）无错别字 （4）无涂改 （5）无抄袭	5	未完成1项扣1分，扣分不得超过5分	

项目五 润滑系统的构造与检修

思政讲堂

汽车发动机正常工作时，润滑油在各种摩擦机件表面起到了至关重要的作用，是各部件之间的配合剂。在本项目实训操作过程中，同学们要做到以下要求：使用举升机时要强化安全意识，废机油处理时切勿随意排放，而应回收利用变废为宝，养成环境保护意识；在安装放油螺栓、机油滤清器时，要突出厂家《车辆维修手册》技术标准重要性，要有细节决定成败，千里之堤、溃于蚁穴的责任态度；使用工具拧紧放油螺栓时，扭矩过小可能导致机油泄漏，扭矩过大螺栓螺纹易损坏，要培养一丝不苟、精益求精的工匠精神。

实训目标

(1) 能够说出润滑系统主要部件的构造及工作原理。

(2) 能够正确拆装润滑系统的主要部件，熟悉其检修方法。

任务一　润滑系统的组成及工作原理

任务介绍

有一位丰田卡罗拉轿车客户将车开到维修店，进行定期维修保养，更换机油、机滤。为了降低摩擦从而保护发动机，必须有一套润滑系统来润滑发动机。那么发动机是如何将油底壳的润滑油有序地送到摩擦机件的表面呢？

任务分析

通过理实一体的方式完成本节任务，学生需要掌握机油、机滤的更换步骤和方法，以及汽车油品的选择、机油润滑等相关理论知识，让同学们在做中学，学中做，不断探索，学以致用。

相关知识

发动机工作时，如果相对运动的零件表面不能得到良好润滑，那么金属表面之间的摩擦不仅会使零件表面迅速磨损，还会因为摩擦产生大量热量而烧损零件，导致发动机不能正常运转。

一、润滑系统的功能

在发动机的工作过程中，润滑系统主要起以下作用：

（一）润滑

润滑油可在两个相对运动的零件表面之间形成油膜，减小摩擦阻力和磨损，降低发动机的功率消耗。

（二）冷却和清洗

润滑油可带走零件表面的热量并清除零件表面的金属屑等杂质，起到冷却和清洗的作用。

（三）密封和防腐

润滑油附着在气缸壁、活塞和活塞环等零件上，可保护零件免受空气和燃气的直接作用，防止零件受到化学腐蚀。

二、润滑方式

发动机润滑方式有以下几种：

（一）压力润滑

压力润滑是指利用机油泵，将具有一定压力的润滑油源源不断地送往摩擦表面，形成具有一定厚度并能承受一定机械负荷的油膜，尽量将两摩擦表面完全隔开，以保证润滑。

（二）飞溅润滑

飞溅润滑是指利用发动机工作时，运动零件旋转使油滴或油雾飞溅起来润滑摩擦表面。

三、润滑系统的组成

润滑系统一般由机油、机油泵、集滤器、油底壳、机油滤清器等组成，如图5-1所示。发动机工作时，机油泵通过集滤器及油道从油底壳吸取机油，被吸取的机油一部分经机油泵上的限压阀流回油底壳，另一部分经过机油滤清器和气缸体主油道，到达曲轴主轴承、连杆轴承等处。

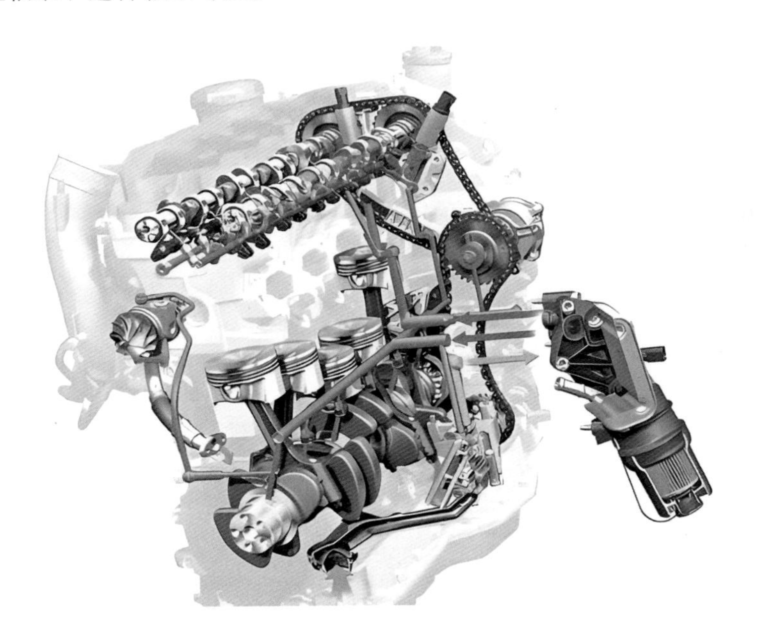

图5-1　发动机润滑系统的组成

四、润滑油的选择

我国机油参照API使用分类方法，采用两个字母组合表示。“S”开头系列代表汽油发动机用油，一般规格依次由SA至SN，每递增一个字母，机油的性能都会优于前一种。“C”开头系列代表柴油发动机用油。若“S”和“C”两个字母同时存在，则表示此机油为汽柴通用型。

我国机油黏度分类法参照SAE黏度分类方法，将润滑油分为冬季用油（W级）和非冬季用油。为增大机油对季节和气温的适应范围，国家标准还规定了多级油的黏度级别。

五、机油泵的结构及工作原理

机油泵的作用是提高机油压力，保证机油在润滑系内不断循环。下面介绍常用的齿轮式机油泵，如图5-2所示。齿轮式机油泵由主动轴、主动齿轮、从动轴、从动齿轮、壳体等组成。吸油管用螺栓固定在进油口处，出油管用螺栓固定在机油泵出油口与发动机机体上的相应油道之间。

机油泵的拆装

图5-2 齿轮式机油泵

发动机工作时，传动齿轮与曲轴正时齿轮啮合，带动机油泵工作。限压阀安装在机油泵的出油口处。齿轮式机油泵的工作原理如图5-3所示。发动机工作时，带动机油泵齿轮旋转，进油腔的轮齿脱离啮合，使进油腔容积增大，产生一定的真空度，润滑油便从进油口被吸入进油腔。

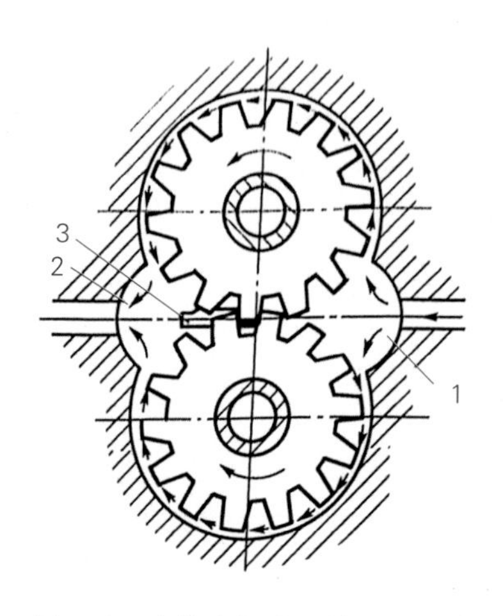

图5-3 齿轮式机油泵的工作原理

六、机油滤清器的结构

为使机油泵很好地工作，在机油泵前端安装了机油集滤器，以过滤较大的杂质，其结构如图5-4所示。机油滤清器结构如图5-5所示，它包括外壳、滤芯、旁通阀和密封圈等。

机油滤清器
的更换

图5-4　机油集滤器

图5-5　机油滤清器

七、润滑系统其他元件介绍

（一）油底壳

油底壳用来容纳和冷却机油。如图5-6所示，油底壳一般由薄钢板冲压而成，内部装有稳油挡板，有利于机油杂质沉淀。放油螺塞的拧紧力矩不能过大，否则容易造成油底壳损坏，发动机油底壳放油螺栓拧紧力矩为35～40 N·m。

（二）机油冷却器

发动机运转时，由于机油黏度随温度升高而变稀，使润滑效果变差。大功率发动机由于热负荷大必须要装机油冷却器，如图5-7所示。机油冷却器通常采用水冷式，它的作用是冷却机油，使油温保持在正常工作范围之内，使机油保持在一定的黏度。

图5-6　油底壳

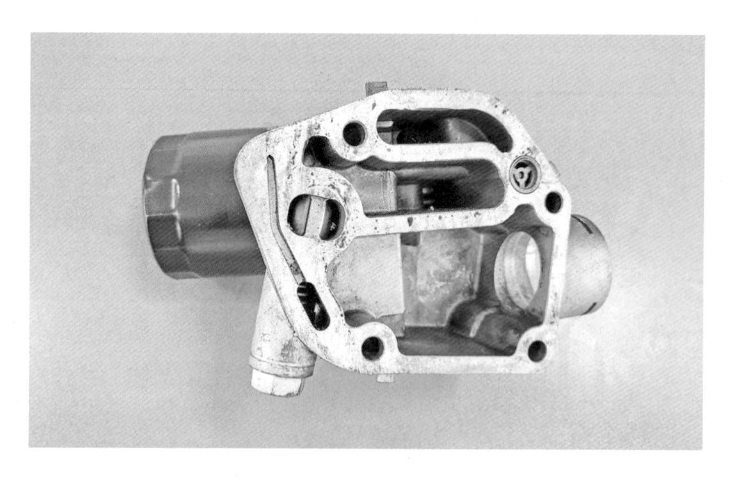

图5-7　机油冷却器

实践操作

在掌握理论知识的基础上，教师带领同学们完成机油泵的检测，具体内容如下：

一、检查齿轮端面到泵盖端面的间隙

拆下泵盖，在泵体上沿齿轮中心连线方向放一把直尺，用塞尺测量齿轮端面到直尺的间隙。标准值是：主动齿轮为0.08～0.14 mm，从动齿轮为0.06～0.12 mm。极

限值是：主动齿轮为0.18 mm，从动齿轮为0.15 mm。若间隙超过允许值，则应更换机油泵总成。

二、检查齿轮的啮合间隙

用塞尺在齿轮圆周上每隔120°测量一次。间隙值应为0.08～0.20 mm，齿轮上三点的啮合间隙相差不应超过0.10 mm。若超过，则应更换主、从动齿轮。

三、检查齿顶与壳体之间的间隙

用塞尺测量齿顶与壳体之间的间隙，一般不得超过0.05～0.15 mm。若超过极限值，则应更换机油泵总成。

四、检查泵盖端面的平面度

用直尺和塞尺检查泵盖端面的平面度，若误差大于0.05 mm，则应修磨平面。

思考与练习

（1）简述发动机的一般润滑方式。

（2）简述发动机润滑油的选择原则。

（3）简述齿轮式机油泵的工作原理。

任务一工单　润滑系统的构造与检修

1.任务分组

班级		组号		指导老师	
组长		学号			
小组成员	姓名	学号	角色分工		
			监护人员		
			操作人员		
			记录人员		
			评分人员		

2.任务准备

注意事项：

(1) 进入实训车间应穿戴工作服、工作鞋，不可佩戴手表、钥匙等金属配饰，以免划伤实训设备。

(2) 学生操作时，必须有教师进行指导和监护。

(3) 注意工具的正确使用和摆放，以防掉落伤人。

工具准备：

实训发动机台架、工具箱、世达120件套、手套。

防护准备：

进入实训场地的教师和学生须全部穿实训服。

3.任务实施

学生在教师的指导下完成分组，小组成员合理分工，完成发动机润滑系统实训操作任务。

序号	作业内容	具体作业要求	结果记录
1	实训拆装台架信息记录	品牌	
		台架型号	
		发动机排量	
		发动机型号	
2	检查齿轮端面与泵盖端面的距离	检查齿轮端面到泵盖端面的间隙	
3	检查齿轮的啮合间隙	检查齿轮的啮合间隙	
4	检查齿顶与壳体之间的间隙	检查齿顶与壳体之间的间隙	
5	检查泵盖端面的平面度	检查泵盖端面的平面度	

4.考核评价

序号	技能要求	评分细则	配分	等级	得分
1	安全实训	(1)能进行工位7S操作 (2)能进行设备工具安全检查 (3)能进行场地及设备安全防护操作 (4)能进行工具清洁、校准、存放操作 (5)能进行三不落地操作	15	未完成1项扣3分，扣分不得超过15分	
2	技能操作	作业1 能正确地测量齿轮端面与泵盖端面的距离 作业2 能正确地检查齿轮的啮合间隙 作业3 能正确地检查齿顶与壳体之间的间隙 作业4 能正确地检查泵盖端面的平面度	50	未完成1项扣3分，扣分不得超过50分	

序号	技能要求	评分细则	配分	等级	得分
3	工具及设备的使用	(1)能正确地选用维修工具 (2)能正确地使用维修工具 (3)能正确地使用刀口尺 (4)能正确地使用塞尺 (5)能正确地使用游标卡尺 (6)能正确地使用千分尺 (7)能正确地使用量缸表	10	未完成1项扣2分,扣分不得超过10分	
4	资料查询	(1)能正确地识读维修手册查询资料 (2)能正确地使用用户手册查询资料 (3)能正确地记录所查询的章节及页码 (4)能正确地记录所需维修信息	10	未完成1项扣2分,扣分不得超过10分	
5	数据分析	(1)能判断齿轮端面与泵盖端面是否正常 (2)能判断齿轮的啮合间隙是否正常 (3)能判断齿顶与壳体之间的间隙是否正常 (4)能判断泵盖端面的平面是否正常	10	未完成1项扣2分,扣分不得超过10分	
6	表单填写	(1)字迹清晰 (2)语句通顺 (3)无错别字 (4)无涂改 (5)无抄袭	5	未完成1项扣1分,扣分不得超过5分	

燃油供给系统的构造与检修

思政讲堂

燃油供给系统是汽车发动机的重要组成部分，它通过一系列精密的控制装置实现燃油的喷射、点火以及混合气的形成。这一系统不仅影响着汽车的动力性能，更直接关系到燃油的消耗以及排放的环保标准。随着全球汽车市场的持续扩张以及消费者对汽车性能与环保性要求的日益提高，汽车燃油供给系统正面临着前所未有的发展机遇与挑战，正逐步朝着更高效、更环保、更智能化的方向迈进。同学们要更加努力汲取专业知识，应对技术挑战，建立自己的科技自信心，同时树立起正确的科技价值观。

实训目标

（1）了解燃油供给系统主要部件的结构、安装位置和拆装方法。

（2）掌握燃油供给系统主要部件的检修方法。

任务一　燃油供给系统的组成及功用

任务介绍

一般汽车的燃油箱距离发动机较远，那么燃油箱的汽油是如何被输送到发动机内部参与燃烧的呢？

任务分析

通过理实一体的方式完成本节任务，学生需要掌握汽油喷射系统、汽油输送路径及各部件协同工作原理。

相关知识

燃油喷射是用喷油器将一定数量和压力的汽油直接喷射到气缸或进气歧管中，与进入的空气混合形成可燃混合气。其目的是提高汽油的雾化质量和燃烧质量，同时对可燃混合气空燃比进行精确控制，使发动机在任何工况下都处于最佳工作状态，以改善汽油机的性能。

一、电控燃油喷射系统的分类

电控燃油喷射系统（electronic fuel injection，EFI），通常也简称为燃油喷射系统。

（一）按喷射位置分类

按喷射位置的不同，电控燃油喷射系统可分为进气管喷射方式和缸内直接喷射方式两种类型。

1.进气管喷射

进气管喷射也称缸外喷射，其喷油器喷射压力一般为0.20～0.35 MPa。

2.缸内直接喷射

汽油机缸内直接喷射技术是指将喷油器直接安装在燃烧室内，把燃油直接喷入气缸内，配合气缸内组织的气体流动形成可燃混合气，容易实现分层燃烧和稀可燃混合气燃烧，可进一步改善汽油机的经济性和排放性。

油轨的拆卸

（二）按喷射方式分类

按喷射方式不同，电控燃油喷射系统可分为连续喷射方式和间歇喷射方式。

连续喷射方式是指在发动机运转期间，汽油连续不断地喷入气道内，且大部分

汽油是在进气门关闭时喷射的，因此，大部分汽油在进气道内蒸发。目前，这种方式已被淘汰。

间歇喷射方式是指在发动机运转期间，将汽油间歇地喷入气道内。

二、电控燃油喷射系统的基本组成与原理

电控燃油喷射系统虽然种类较多，但其基本组成与工作原理基本相同，都是由空气供给系统、燃油供给系统、电子控制系统组成的。

（一）空气供给系统

空气供给系统的功能是：向发动机提供与发动机负荷相适应的、清洁的空气，同时，对流入发动机气缸的空气量进行直接（L型喷射系统）或间接（D型喷射系统）计量，使它们在系统中与喷油器喷出的燃油形成空燃比符合要求的可燃混合气。空气供给系统的工作原理如图6-1所示。

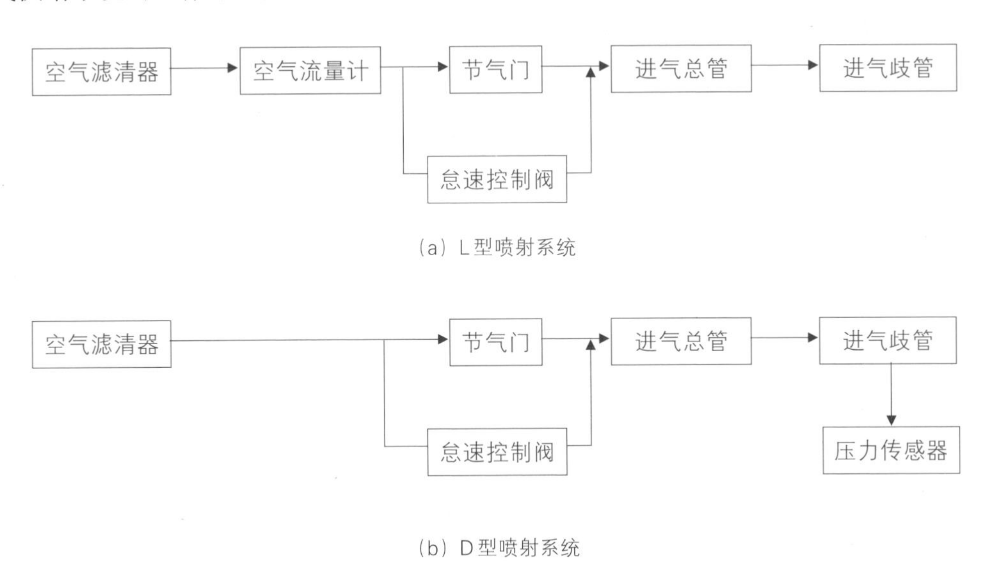

图6-1　空气供给系统的工作原理

（二）燃油供给系统

发动机工作时，电动汽油泵把汽油从汽油箱中泵送出去，经汽油滤清器除去杂质和水分后，流入燃油分配管，然后分送到各个喷油器。燃油分配管上装有燃油压力调节器，对燃油压力进行调节，多余的燃油经燃油压力调节器流回汽油箱。

（三）电子控制系统

电子控制（简称电控）系统主要由传感器、电控单元（electronic control unit，ECU）和执行元件（执行器）三大部分组成，其主要作用是根据发动机和汽车不同的运行工况，确定发动机的最佳喷油量，检测各传感器的工作，并储存和输出工作参数。

（四）排气系统

排气系统根据发动机各缸的工作循环和工作顺序，和配气机构一起配合工作，及时地将废气安全地排入大气。排气系统主要包括排气歧管、排气消声器等。

实践操作

在掌握理论知识的基础上，教师带领学生进行喷油器的检测实践操作，具体内容如下：

一、基础检测

在发动机工作时，用手触试或用听诊器检查喷油器针阀开闭时的振动或声响，如果感觉无振动或听不到声响，说明喷油器或其电路有故障。

二、喷油器电阻检测

拆开喷油器线束插接器，用万用表测量喷油器两个端子之间的电阻，低阻型喷油器应为3～4，高阻型喷油器应为12～16，否则应更换该喷油器。

喷油器的电阻检测

三、喷油器喷油量检测

按滴漏检查做好准备工作，燃油泵工作后，用蓄电池和导线直接给喷油器通电，并用量杯检查喷油器的喷油量。每个喷油器应重复检查2～3次，各缸喷油器的喷油量和均匀程度均应符合规定标准（一般喷油器的喷油量为70 mL/15S，各喷油器的喷油量相差不应超过10%），否则应清洗或更换该喷油器。

四、燃油泵的拆装与检测

（1）释放燃油系统的压力：拔掉燃油泵的保险丝或者继电器或者燃油泵电器插头。起动发动机，待其自动停止运转为止，反复3次确定发动机无法起动为止。

（2）拆卸油箱口盖之前用吸尘器或压缩空气将灰尘清理干净，用吸油毛巾放在出油和回油管下，缓慢松动油管接头，将残余燃油用吸油毛巾清理干净。油管及电器接头拆卸后，使用油箱口盖专用工具拆卸。用手轻晃燃油泵上部，脱离油箱，拿出油泵过程中不断变换旋转角度，以防油量传感器浮子损坏。拆下电动汽油泵与托架的连接导线，从托架上拉出电动汽油泵，取下橡胶缓冲垫，拆下卡扣，拉出滤网。

（3）打开汽车后舱盖或翻开后坐垫，拆除油管和回油管，拔下电动汽油泵线束插头，拧出固定螺钉，从油箱上方取出电动汽油泵托架总成。

（4）使用万用表测试燃油泵两接线柱阻值，正常为3～6 Ω，有无穷大的或者0 Ω阻值的需更换燃油泵。如果阻值正常，连接蓄电池时注意正负极区分试运转燃油泵是否运转正常，如果通电不运转（阻值正常）说明叶轮或电机内部卡滞。试运转时间不得超过1 min。

（5）使用试灯或万用表检查燃油泵控制线路的电源电压是否正常。

思考与练习

（1）简述燃油供给系统的组成。

（2）简述燃油供给系统的作用。

任务一工单　燃油供给系统的构造与检修

1. 任务分组

<table>
<tr><td>班级</td><td></td><td>组号</td><td></td><td>指导老师</td><td></td></tr>
<tr><td>组长</td><td></td><td>学号</td><td colspan="3"></td></tr>
<tr><td rowspan="5">小组成员</td><td>姓名</td><td>学号</td><td colspan="3">角色分工</td></tr>
<tr><td></td><td></td><td colspan="3">监护人员</td></tr>
<tr><td></td><td></td><td colspan="3">操作人员</td></tr>
<tr><td></td><td></td><td colspan="3">记录人员</td></tr>
<tr><td></td><td></td><td colspan="3">评分人员</td></tr>
</table>

2. 任务准备

注意事项：

（1）进入实训车间应穿戴工作服、工作鞋，不可佩戴手表、钥匙等金属配饰，以免划伤实训设备。

（2）学生操作时，必须有教师进行指导和监护。

（3）注意工具的正确使用和摆放，以防掉落伤人。

工具准备：

实训车辆、工具箱、世达120件套、座椅三件套、翼子板布和前格栅布、手套。

防护准备：

进入实训场地的教师和学生须全部穿实训服。

3. 任务实施

学生在教师的指导下完成分组，小组成员合理分工，完成燃油供给系统实训操作任务。

序号	作业内容	具体作业要求	结果记录
1	实训台架信息记录	品牌	
		台架型号	
		发动机排量	
		发动机型号	
2	举升车辆	正确使用举升机	
3	喷油器检修	基础检修	
		喷油器电阻检查	
		喷油器油量检查	

4.考核评价

序号	技能要求	评分细则	配分	等级	得分
1	安全实训	(1)能进行工位7S操作 (2)能进行设备工具安全检查 (3)能进行场地及设备安全防护操作 (4)能进行工具清洁、校准、存放操作 (5)能进行三不落地操作	15	未完成1项扣3分，扣分不得超过15分	
2	技能操作	作业1 (1)能正确检查举升机周围安全，且无障碍物 (2)能准确找到车辆底盘举升支撑点 (3)能正确将车辆举升到作业位置，并锁止举升机 作业2 能正确检修喷油器	50	未完成1项扣3分，扣分不得超过50分	
3	工具及设备的使用	(1)能正确地选用维修工具 (2)能正确地使用维修工具 (3)能正确地使用万用表 (4)能正确地使用试灯	10	未完成1项扣2分，扣分不得超过10分	

序号	技能要求	评分细则	配分	等级	得分
4	资料查询	(1)能正确地识读维修手册查询资料 (2)能正确地使用用户手册查询资料 (3)能正确地记录所查询的章节及页码 (4)能正确地记录所需维修信息	10	未完成1项扣2分，扣分不得超过10分	
5	数据分析	(1)能判断喷油器电阻是否正常 (2)能判断喷油器油量是否正常	10	未完成1项扣2分，扣分不得超过10分	
6	表单填写	(1)字迹清晰 (2)语句通顺 (3)无错别字 (4)无涂改 (5)无抄袭	5	未完成1项扣1分，扣分不得超过5分	

电控点火系统的构造与检修

思政讲堂

点火系统从原来的传统点火系统发展到电子点火系统，再到现在的电控独立点火系统，控制更加精准，从而大大提高了发动机的动力性和经济性，这些都离不开科研人员和工程师们的辛勤付出，也是一代又一代汽车人努力拼搏的结果。作为新时代的有志青年，也要不断努力探索，不断创新发展，在自己的工作岗位上做出应有的贡献。

实训目标

（1）能说出电控点火系统的组成。

（2）能叙述电控点火系统的工作原理。

（3）掌握电控点火系统传感器、执行器以及线路的检查方法。

（4）会对电控点火系统进行检修。

任务一　点火控制过程检修

任务介绍

本节通过对实训室车辆电控点火系统的检测与维修，使得同学们进一步巩固理论知识，掌握电控点火系统的组成和工作原理，熟悉检测的方法、流程及操作注意事项。

任务分析

通过理实一体的方式完成本节任务，理论知识部分讲解时用实车举例，介绍电控点火系统各组成部分的位置及功能，介绍故障诊断仪和示波器的连接和使用方法，介绍电控点火系统检修的思路。实践部分运用演示法、练习法等，按照电控点火系统控制过程完成检测，整个任务实施过程中均运用积极教学法，以学生为主体，让同学们积极参与整个教学过程，在做中学，学中做，不断探索，学以致用。

相关知识

一、发动机对点火系统的要求

（1）能产生足以击穿火花塞间隙的电压。

（2）火花应具有足够的能量。

（3）点火时刻应适应发动机的工况。

二、汽油发动机电控点火系统的组成及作用

电控点火系统主要包括各种传感器、电子控制单元（electronic control unit，ECU）、执行器（点火控制器、点火线圈、火花塞）等。

（一）传感器

传感器的作用是将发动机的转速和负荷信号以及其他与点火系统相关、会影响发动机动力性和经济性的信号传给发动机ECU（涉及的传感器会在后续任务中详细介绍）。

（二）发动机ECU

发动机根据各传感器输入的信息及内存的数据，进行运算、处理、判断，计算出最佳点火提前角，然后输出指令（信号）控制执行器动作。

（三）点火控制器

根据发动机ECU输出的点火控制信号控制点火线圈初级电路的通电，产生次级高压。同时，向ECU反馈点火确认信号。在发动机ECU控制的独立点火系统中，点火控制器、点火线圈及火花塞组合成一体。

（四）点火线圈

点火线圈的作用是将12 V低压电变成30 kV的高压电，其结构与自耦变压器相似，所以也称变压器。点火线圈由一次绕组、二次绕组和铁芯等组成。

（五）火花塞

火花塞接收点火线圈产生的高压电，并在电极间产生电火花，点燃可燃混合气。

三、汽油发动机电控点火系统的工作过程

本节以奥迪V6汽车为例讲解电控发动机点火系统工作过程，其控制原理如图7-1所示。

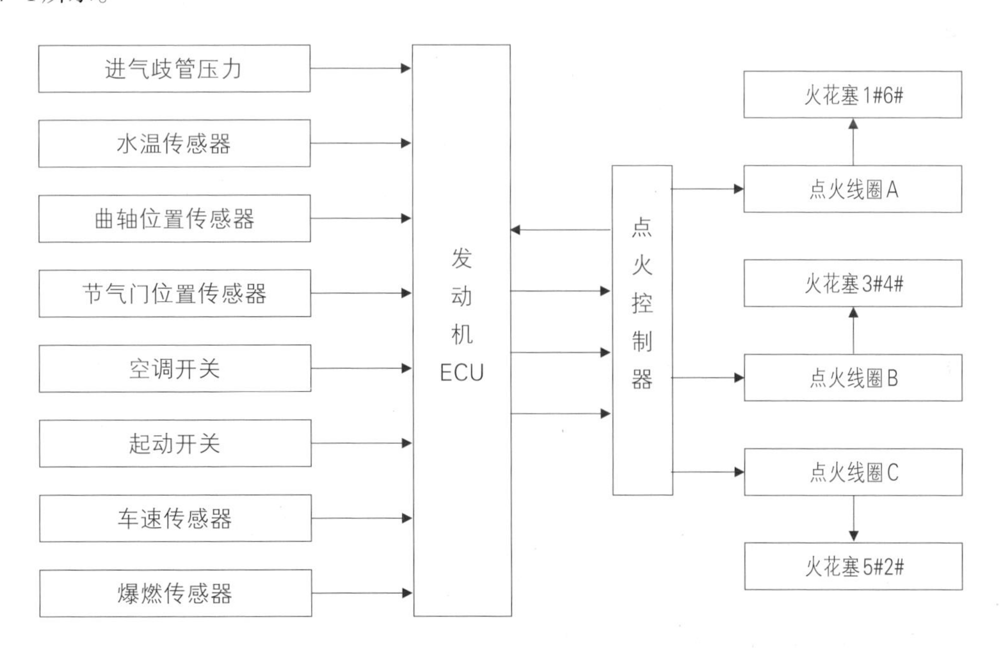

图7-1 奥迪V6汽车点火系统控制原理

实践操作

一、实训器材

（一）设备

具备汽油机电控点火系统的车辆、故障诊断仪、示波器。

（二）工具

208线盒、120件套、十字起等常用工具。

（三）耗材

车内三件套、翼子板布、前格栅布、实训任务工单、评价量表。

二、作业准备

（1）检查实训环境、实训车辆的安全状况。

（2）放车轮挡块，铺车内三件套、翼子板布、前格栅布。

三、操作步骤

点火控制过程检修，操作步骤如下：

（一）读取故障码

（1）检查变速器挡位是否处于P位，驻车制动器是否处于制动状态。

（2）将汽车故障诊断仪连接到车辆故障诊断接口，如图7-2所示。

点火过程检修

图7-2　连接诊断仪至车辆诊断座

（3）将点火开关打到ON位置。

（4）打开汽车故障诊断仪，如图7-3所示。

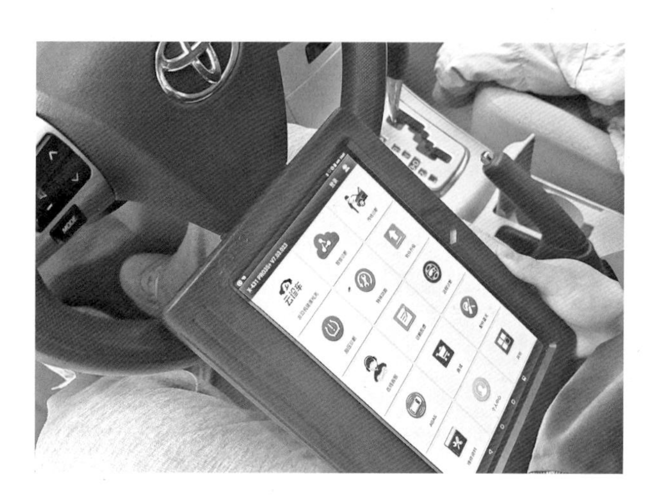

图7-3　打开汽车故障诊断仪

（5）选择相应的车系，如图7-4所示。

图7-4　选择相应车系

（6）选择进入发动机系统，如图7-5所示。

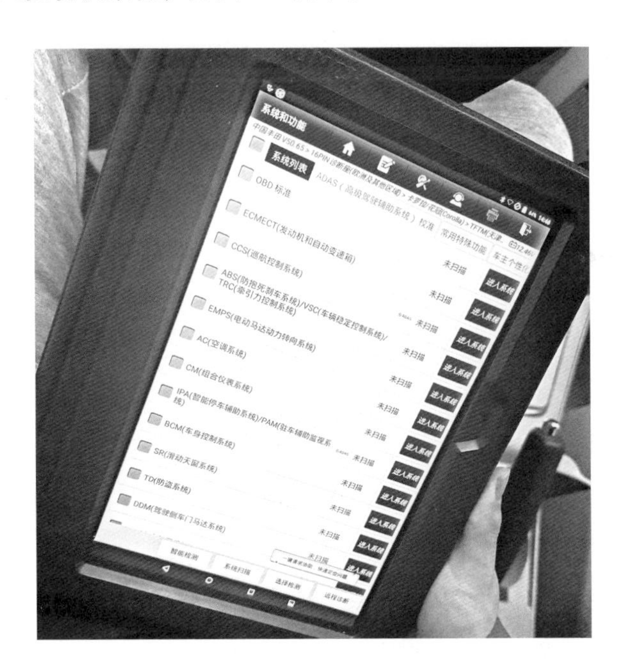

图7-5　选择进入发动机系统

（7）读取故障码，如图7-6所示。

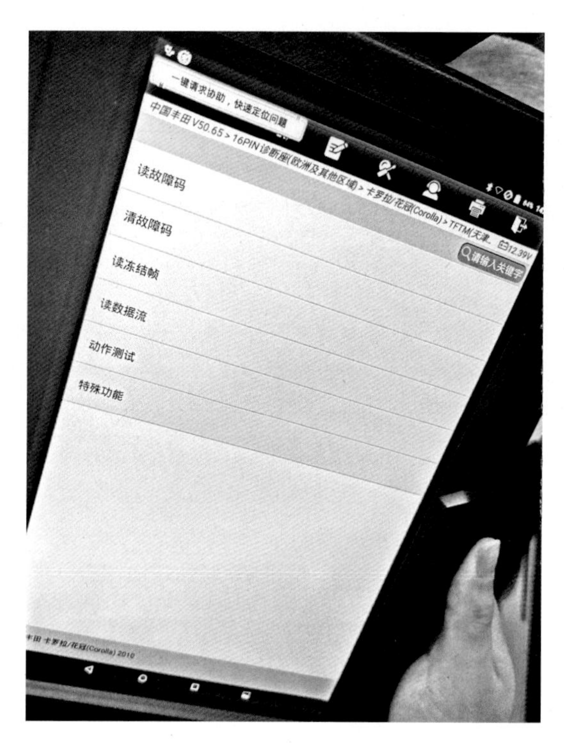

图7-6　读取故障码

（8）清除故障码。

（9）起动发动机。

（10）再次读取故障码。

若显示点火系统有相关故障码，应继续检修。

（二）线束检测

点火系统线束检测

1.点火线圈线束端子供电检测

（1）检查变速器挡位是否处于P位，驻车制动器是否处于制动状态。

（2）关闭点火开关。

（3）打开发动机舱。

（4）取下气缸盖罩。

（3）断开点火线圈线束插接器。

（4）将点火开关打到ON位置。

（5）测量点火线圈线束插接器端子电压，如图7-7所示，端子如图7-8所示，测量标准见表7-1。

若不符，则做进一步检测，即检测点火线圈与集成继电器（IG2继电器）之间的线束连接。

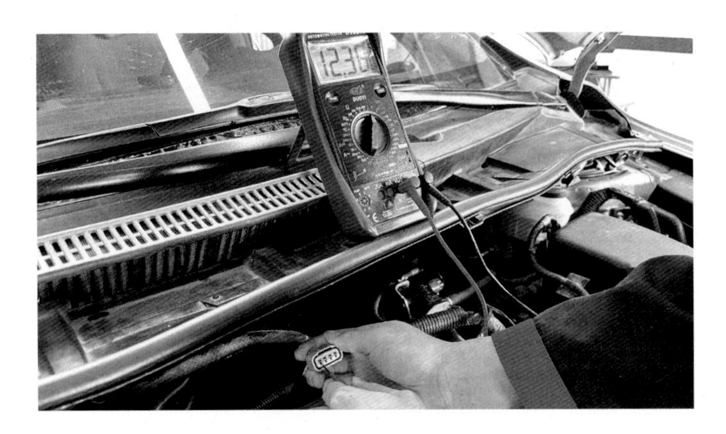

图7-7　测量点火线圈供电端电压

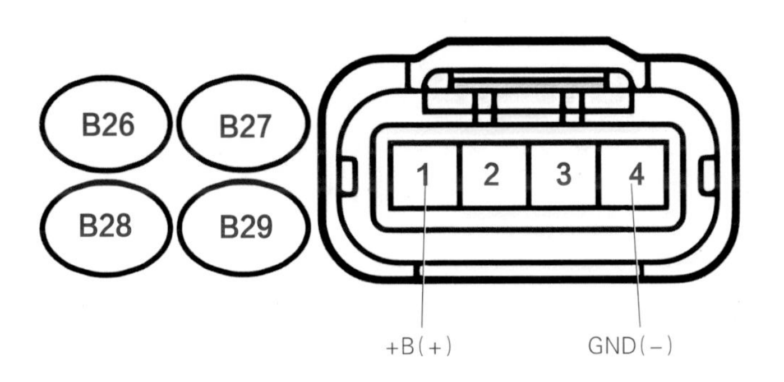

图7-8　卡罗拉点火线圈线束插接器端子

表7-1　点火线圈线束插接器端子电压测量标准

检测仪连接	条件	规定状态
B26-1(+B)-车身搭铁	ON	12 V左右
B27-1(+B)-车身搭铁	ON	12 V左右
B28-1(+B)-车身搭铁	ON	12 V左右
B29-1(+B)-车身搭铁	ON	12 V左右

2.点火线圈与集成继电器（IG2继电器）之间线束端子的检测

检测端子如图7-9所示，检测标准见表7-2、表7-3，若不符，则需要维修或更换线束或更换集成继电器。

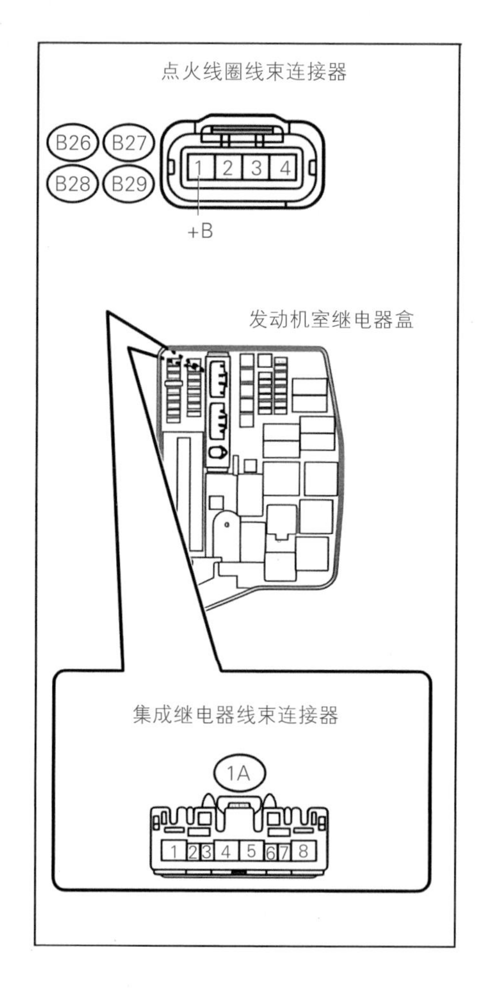

图7-9　点火线圈与集成继电器（IG2继电器）之间线束端子

表7-2　点火线圈和IG2继电器之间线束端子测量标准（断路检查）

检测仪连接	条件	规定状态
B26-1(+B)-1A-4	始终	小于1 Ω
B27-1(+B)-1A-4	始终	小于1 Ω
B28-1(+B)-1A-4	始终	小于1 Ω
B29-1(+B)-1A-4	始终	小于1 Ω

表7-3　点火线圈和IG2继电器之间线束端子测量标准（短路检查）

检测仪连接	条件	规定状态
B26-1(+B)或1A-4-车身搭铁	始终	10 kΩ或更大
B27-1(+B)或1A-4-车身搭铁	始终	10 kΩ或更大
B28-1(+B)或1A-4-车身搭铁	始终	10 kΩ或更大
B29-1(+B)或1A-4-车身搭铁	始终	10 kΩ或更大

3.检查发动机ECU与点火线圈之间的线束

（1）发动机ECU和点火线圈之间IGT的测量

插接器外观及端子如图7-10所示，测量标准如表7-4、7-5所示。

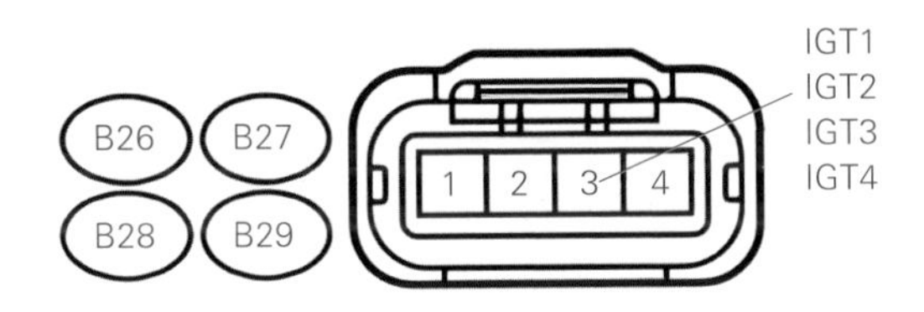

线束连接器前视图（至ECM）

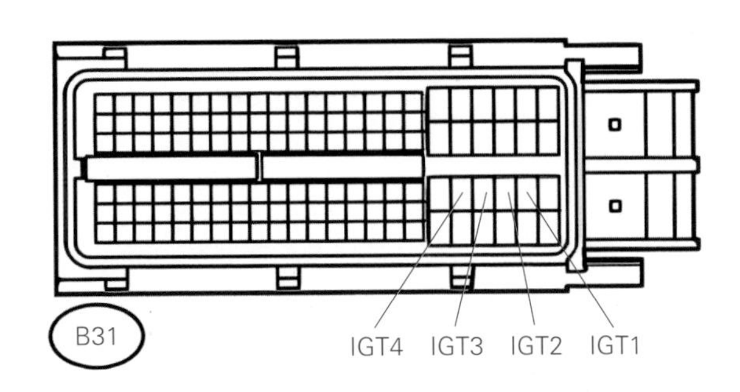

图7-10　点火线圈和ECU插接器IGT端子

表7-4　发动机ECU和点火线圈之间IGT的线束端子测量标准（断路检查）

检测仪连接	条件	规定状态
B26-3(IGT1)-B31-85(IGT1)	始终	小于1 Ω
B27-3(IGT2)-B31-84(IGT2)	始终	小于1 Ω
B28-3(IGT3)-B31-83(IGT3)	始终	小于1 Ω
B29-3(IGT4)-B31-82(IGT4)	始终	小于1 Ω

表7-5　发动机ECU和点火线圈之间IGT的线束端子测量标准（短路检查）

检测仪连接	条件	规定状态
B26-3(IGT1)或B31-85(IGT1)-车身搭铁	始终	10 kΩ或更大
B27-3(IGT2)或B31-84(IGT2)-车身搭铁	始终	10 kΩ或更大
B28-3(IGT3)或B31-83(IGT3)-车身搭铁	始终	10 kΩ或更大
B29-3(IGT4)或B31-82(IGT4)-车身搭铁	始终	10 kΩ或更大

用万用表测量点火线圈IGT端子和发动机ECU的IGT端子之间的阻值，检查有无断路故障，如果有，更换线束；如果没有，用万用表测量点火线圈IGT端子或发动机ECU的IGT端子与车身搭铁之间的阻值，来判断有无短路故障，如果有，需要找到并排除，如果没有，进行下一步操作。

（2）发动机ECU和点火线圈之间IGF的测量

插接器外观及端子如图7-11所示，测量标准如表7-6、7-7所示。

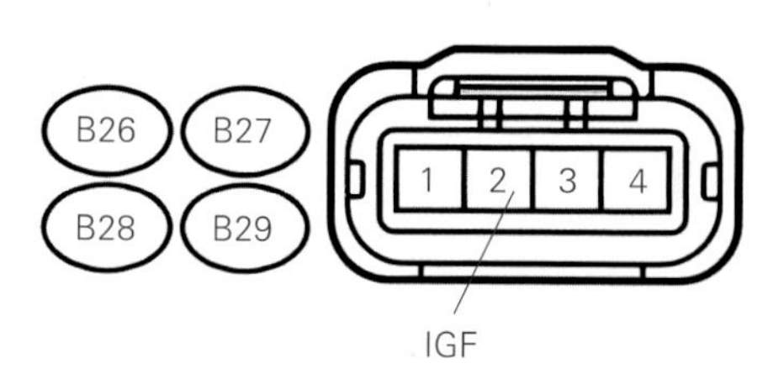

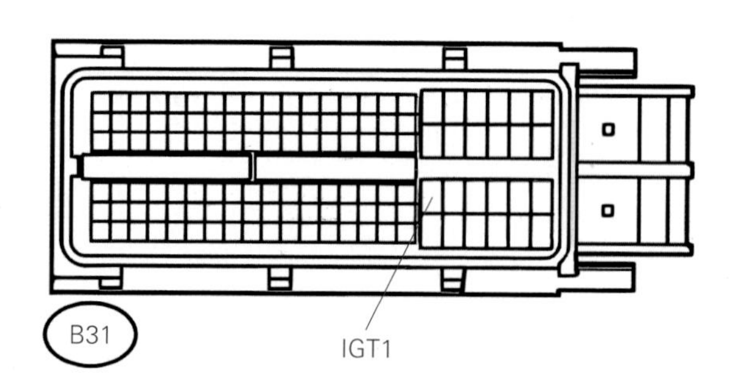

图7-11　点火线圈和ECU插接器IGF端子

表7-6　发动机ECU和点火线圈之间IGF的线束端子测量标准（断路检查）

检测仪连接	条件	规定状态
B26-2(IGF)-B31-81(IGF1)	始终	小于1 Ω
B27-2(IGF)-B31-81(IGF1)	始终	小于1 Ω

续表7-6

检测仪连接	条件	规定状态
B28-2(IGF)-B31-81(IGF1)	始终	小于1Ω
B29-2(IGF)-B31-81(IGF1)	始终	小于1Ω

表7-7 发动机ECU和点火线圈之间IGF的线束端子测量标准（短路检查）

检测仪连接	条件	规定状态
B26-2(IGF)或B31-81(IGF1)-车身搭铁	始终	10 kΩ或更大
B27-2(IGF)或B31-81(IGF1)-车身搭铁	始终	10 kΩ或更大
B28-2(IGF)或B31-81(IGF1)-车身搭铁	始终	10 kΩ或更大
B29-2(IGF)或B31-81(IGF1)-车身搭铁	始终	10 kΩ或更大

用万用表测量点火线圈IGF端子和发动机ECU的IGF端子之间的阻值，检查有无断路故障，如果有，更换线束；如果没有，用万用表测量点火线圈IGF端子或发动机ECU的IGF端子与车身搭铁之间的阻值来判断有无短路故障，如果有，需要找到并排除，如果没有，进行下一步操作。

（三）读取点火波形

示波器读取点火波形

（1）检查变速器挡位是否处于P位，驻车制动器是否处于制动状态。

（2）关闭点火开关。

（3）打开发动机舱。

（4）取下气缸盖罩。

（5）断开某一缸点火线圈线束插接器。

（6）连接示波器。

（7）将点火开关打到START位置。

（8）测量点火线圈插接器IGT端的波形，并和标准波形对比。

标准波形如图7-12所示。

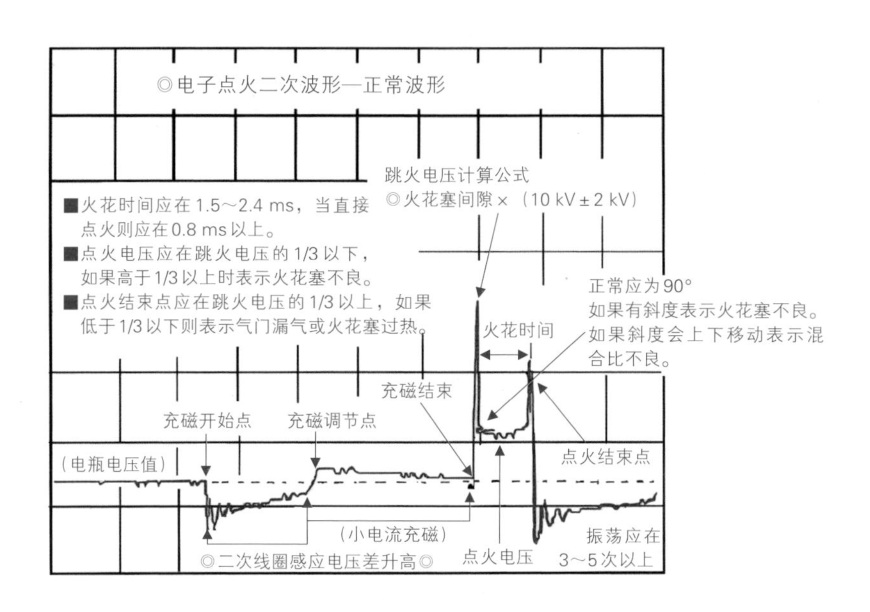

图7-12 标准波形

四、实训流程

（1）集合，实训教师进行安全教育并组织同学们进行安全演练；讲解实训操作过程中的基本要求和注意事项。

（2）分组，选出小组长，发放实训任务工单。

（3）车间安全检查。检查设备的维护情况，举升机的维修与使用记录，检查消防栓和灭火器，检查安全通道是否畅通。

（4）回到工位，实训教师以问答引导方式检验同学们对理论知识的掌握情况。

（5）观看点火系统工作原理视频。

（6）实训教师讲解点火系统各组成部分在实车上的位置。

（7）实训教师讲解故障诊断仪的连接方式及操作方法并演示。

（8）实训教师讲解示波器的连接方式及操作方法并演示。

（9）实训教师讲解点火系统控制过程的检测方法并演示。

（10）以实训开始时的分组为单位，对点火系统控制过程进行检修。

（11）用评价量表考核评价。

（12）恢复工位，整理工具，归还。

（13）打扫实训室卫生。

思考与练习

电控点火系统相比较传统点火系统有哪些改进？有什么优势？

任务一工单　点火控制过程检修

1.任务分组

班级		组号		指导老师	
组长		学号			
小组成员	姓名	学号	角色分工		
			监护人员		
			操作人员		
			记录人员		
			评分人员		

2.任务准备

注意事项：

（1）进入实训车间应穿戴工作服、工作鞋，不可佩戴手表、钥匙等金属配饰，以免划伤实训设备。

（2）学生操作时，必须有教师进行指导和监护。

（3）注意工具的正确使用和摆放，以防掉落伤人。

工具准备：

实训车辆、工具箱、世达120件套、故障诊断仪、示波器、208线盒、万用表、内外防护六件套。

3.任务实施

学生在教师的指导下完成分组，小组成员合理分工，完成点火控制过程检修操作任务。

序号	作业内容	具体作业要求	结果记录
1	实训环境检查	安全设施检查	
		实训工具检查	
		实训车辆检查	
2	读取发动机ECU故障码	正确连接诊断仪	
		点火开关打到ON	
		选择相应车系	
		选择进入发动机系统	
		读取故障码	
		清码,再次读码	
3	线束检测	点火线圈线束端子供电检测	
		点火线圈与IG2继电器之间线束检测	
		发动机ECU与点火线圈之间线束检测	
4	读取点火波形	测量点火线圈插接器IGT端的波形	

4.考核评价

序号	技能要求	评分细则	配分	等级	得分
1	安全实训	(1)能进行工位7S操作 (2)能进行设备工具安全检查 (3)能进行场地及设备安全防护操作 (4)能进行工具清洁、校准、存放操作 (5)能进行三不落地操作	15	未完成1项扣3分,扣分不得超过15分	

序号	技能要求	评分细则	配分	等级	得分
2	技能操作	作业1 (1)能正确地连接故障诊断仪 (2)能正确地断开故障诊断仪 作业2 (1)能正确读取故障码 (2)能正确清除故障码 作业3 (1)能找到点火线圈供电端子 (2)能正确检测点火线圈线束端子供电 作业4 (1)能找到点火线圈与IG2继电器之间线束端子 (2)能正确检测点火线圈与IG2继电器之间线束 作业5 (1)能找到点火线圈与发动机ECU之间线束端子 (2)能正确检测点火线圈与发动机ECU之间线束 作业6 (1)能正确地连接示波器 (2)会用示波器读取波形	48	未完成1项扣4分，扣分不得超过48分	
3	工具及设备的使用	(1)能正确地选用维修工具 (2)能正确地使用维修工具 (3)能正确地使用故障诊断仪 (4)能正确地使用示波器	12	未完成1项扣3分，扣分不得超过12分	
4	资料查询	(1)能正确地识读维修手册查询资料 (2)能正确地使用用户手册查询资料 (3)能正确地记录所查询的章节及页码 (4)能正确地记录所需维修信息	8	未完成1项扣2分，扣分不得超过8分	

序号	技能要求	评分细则	配分	等级	得分
5	数据分析	(1)能判断点火线圈线束端子供电是否正常 (2)能判断点火线圈与IG2继电器之间线束是否正常 (3)能判断发动机ECU与点火线圈之间线束是否正常 (4)能判断点火波形是否正常	12	未完成1项扣3分，扣分不得超过12分	
6	表单填写	(1)字迹清晰 (2)语句通顺 (3)无错别字 (4)无涂改 (5)无抄袭	5	未完成1项扣1分，扣分不得超过5分	
总分			100		

任务二　火花塞的检查与更换

任务介绍

本节通过对汽油发动机电控点火系统火花塞的检查与更换，使得同学们进一步巩固理论知识，掌握火花塞的结构和检查事项，能通过维修手册查找火花塞间隙的标准值，能够熟练拆装火花塞并能按照要求完成火花塞间隙的检查。

任务分析

通过理实一体的方式完成本节任务，理论知识部分讲解时运用课件、图片等展示火花塞的结构，介绍火花塞检查事项及检查方法；实践部分主要运用演示法、练习法等完成火花塞的拆装、检查与更换。

相关知识

一、火花塞的结构

火花塞是点火系统的主要组成部件之一，一般安装在气缸盖上，其结构如图7-13所示。

火花塞电极一般采用耐高温、耐腐蚀的镍锰合金钢或铬锰氮、钨、镍锰硅等合金制成，火花塞电极间隙多为1.0～1.2 mm，具体以原车维修手册要求为准。

二、火花塞的检查

火花塞工作过程中容易产生的故障是火花塞积碳或者火花塞间隙不符合标准，也会有火花塞的陶瓷绝缘体破损导致火花塞电极跳火异常的情况，因此，重点检查火花塞有无积碳、火花塞间隙、火花塞陶瓷绝缘体三方面。

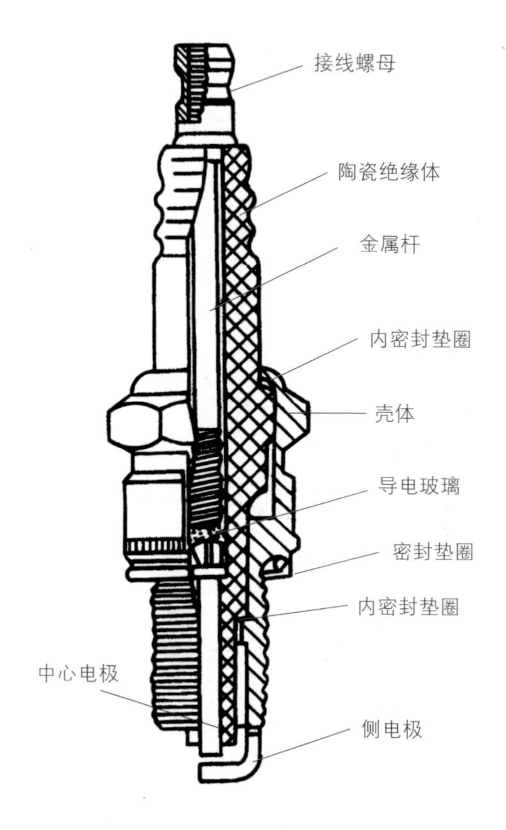

图7-13　火花塞的结构

实践操作

一、实训器材

（一）设备

具备汽油机电控点火系统的车辆。

（二）工具

120件套、火花塞套筒、橡皮套筒、扭力扳手。

（三）耗材

原车型号火花塞、车内三件套、翼子板布、前格栅布、实训任务工单、评价量表。

二、作业准备

（1）检查实训环境、实训车辆的安全状况。

（2）放车轮挡块，铺车内三件套、翼子板布、前格栅布。

三、操作步骤

（一）火花塞拆卸

火花塞拆装

取下气缸盖罩（如图7-14所示），拔掉点火线圈插接器（如图7-15所示），拧掉气缸盖上固定点火线圈的螺栓（如图7-16所示），拔出1-4缸点火线圈（如图7-17所示），用棘轮扳手配合加长杆、火花塞套筒拧松各缸火花塞（如图7-18所示），再用橡皮套筒取出火花塞（如图7-19所示）。火花塞套筒有14 mm、16 mm、19 mm、21 mm，目前的车型，火花塞套筒大多是14 mm的，具体查看车型对应维修手册。

图7-14　取下气缸盖罩

图7-15（a）　拔掉点火线圈插接器

图7-15（b）　拔掉点火线圈插接器

图7-16　拧掉固定点火线圈的螺栓

图7-17　拔出点火线圈

图7-18　拧松火花塞

图7-19　取出火花塞

（二）火花塞的检查

火花塞检查

1. 检查火花塞陶瓷绝缘体

用观察法检查火花塞陶瓷绝缘体是否完好，如图7-20所示，如果有破损，表明火花塞已无法正常使用，应更换。

2. 检查是否有积碳

用观察法查看火花塞中心电极周围的裙部是否有积碳，是否变黑，如图7-21所示，正常应为棕褐色或铁锈色且无积碳，如果积碳严重则需要更换。

3. 检查火花塞电极间隙

火花塞电极间隙大多为1.0～1.2 mm，具体以该车型原厂维修手册为准，用塞尺测量已拆卸旧火花塞的间隙，如图7-22所示，若间隙不符合要求，则需要更换。

图7-20　检查火花塞陶瓷绝缘体

图7-21　检查火花塞是否积碳

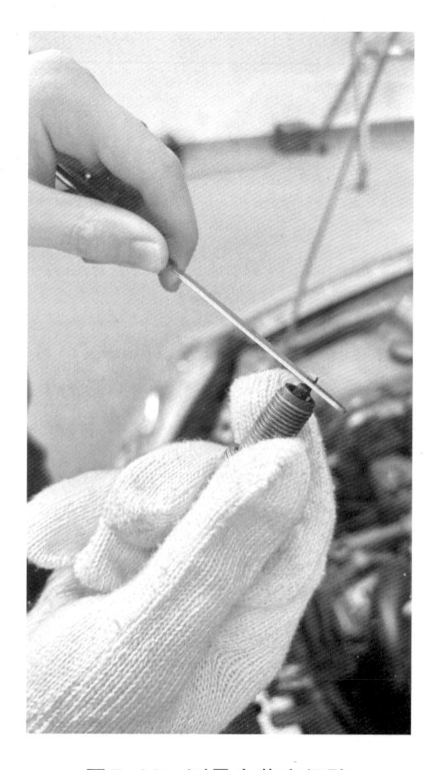

图7-22　测量火花塞间隙

（三）火花塞的更换

准备原车型号火花塞（如图7-23所示），用橡皮套筒套进火花塞的尾部将火花塞插进安装孔（如图7-24所示），逆时针拧到拧不动为止，然后调整扭力扳手力矩至维修手册要求的力矩（如图7-25所示），一般为25 N·m，具体查对应车型的维修手册，用扭力扳手配合加长杆和火花塞套筒，旋紧每一个缸的火花塞（如图7-26所示）。再将对应缸的点火线圈插入气缸盖内部（如图7-27所示），和火花塞紧密相连，再次调扭力扳手（如图7-28所示），接着拧上固定点火线圈的螺栓（如图7-29所示），用扭力扳手旋至10 N·m，具体查对应车型的维修手册。

图7-23　准备原车型号火花塞

图7-24（a）火花塞初步安装

图7-24（b） 火花塞初步安装

图7-25 调整扭力扳手力矩

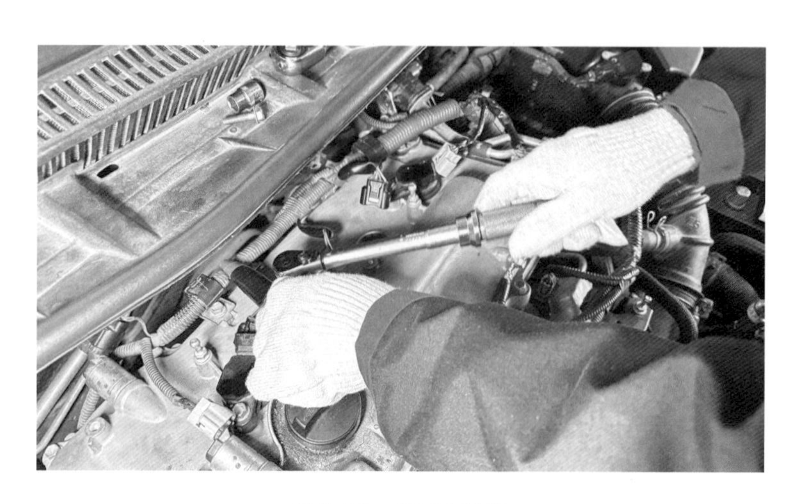

图7-26 旋紧火花塞

图7-27　将点火线圈插入气缸盖内部

图7-28　再次调扭力扳手

图7-29　拧紧点火线圈固定螺栓

需要注意：如果发动机缸盖为铁质缸盖，使用的火花塞为普通火花塞，可以在火花塞螺纹上抹上一些铜基防卡膏，这样可以有效地防止火花塞和缸盖之间产生高温烧结，方便下次拆卸和更换。如果使用的是铝质的缸盖，或者螺纹上有防锈涂层的火花塞，就不需要涂抹铜基防卡膏。

四、实训流程安排

（1）集合，实训教师进行安全教育并组织同学们进行安全演练，讲解实训操作过程中的基本要求和注意事项。

（2）分组，选出小组长，发放实训任务工单。

（3）车间安全检查：检查设备的维护情况，举升机的维修与使用记录，检查消防栓和灭火器，检查安全通道是否畅通。

（4）回到工位，实训教师通过电子白板播放火花塞图片，讲解火花塞的结构以及火花塞检查的项目。

（5）实训教师通过多媒体设备播放火花塞更换操作视频。

（6）实训教师再次播放并强调操作注意事项。

（7）实训教师讲解火花塞的拆卸并操作演示。

（8）实训教师讲解火花塞的检查并操作演示。

（9）实训教师讲解火花塞的更换并操作演示。

（10）以实训开始时的分组为单位，对火花塞进行拆卸、检查与更换。

（11）用评价量表考核评价。

（12）恢复工位，整理工具，归还。

（13）打扫实训室卫生。

思考与练习

NGK火花塞和博世火花塞哪个好？

任务二工单　火花塞的检查与更换

1.任务分组

<table>
<tr><td>班级</td><td></td><td>组号</td><td></td><td>指导老师</td><td></td></tr>
<tr><td>组长</td><td></td><td>学号</td><td colspan="3"></td></tr>
<tr><td rowspan="5">小组成员</td><td>姓名</td><td>学号</td><td colspan="3">角色分工</td></tr>
<tr><td></td><td></td><td colspan="3">监护人员</td></tr>
<tr><td></td><td></td><td colspan="3">操作人员</td></tr>
<tr><td></td><td></td><td colspan="3">记录人员</td></tr>
<tr><td></td><td></td><td colspan="3">评分人员</td></tr>
</table>

2.任务准备

注意事项：

（1）进入实训车间应穿戴工作服、工作鞋，不可佩戴手表、钥匙等金属配饰，以免划伤实训设备。

（2）学生操作时，必须有教师进行指导和监护。

（3）注意工具的正确使用和摆放，以防掉落伤人。

工具准备：

实训车辆、世达120件套、火花塞套筒、扭力扳手、橡皮套筒、原车型号火花塞、内外防护六件套。

3.任务实施

学生在教师的指导下完成分组，小组成员合理分工，完成火花塞的检查与更换操作任务。

序号	作业内容	具体作业要求	结果记录
1	实训环境检查	安全设施检查	
		实训工具检查	
		实训车辆检查	
2	火花塞拆卸	熟悉操作流程	
		选对拆卸工具	
		按照正确步骤拆卸	
3	火花塞的检查	检查火花塞陶瓷绝缘体	
		检查是否有积碳	
		检查火花塞电极间隙	
4	火花塞的更换	查看新火花塞的型号	
		选用合适工具安装	
		查对拧紧力矩	
		完成火花塞的安装	

4.考核评价

序号	技能要求	评分细则	配分	等级	得分
1	安全实训	(1)能进行工位7S操作 (2)能进行设备工具安全检查 (3)能进行场地及设备安全防护操作 (4)能进行工具清洁、校准、存放操作 (5)能进行三不落地操作	15	未完成1项扣3分,扣分不得超过15分	
2	技能操作	作业1 (1)能正确地拆卸气缸盖罩 (2)能正确地安装气缸盖罩 作业2 (1)能正确地断开插接器 (2)能正确地连接插接器	48	未完成1项扣4分,扣分不得超过48分	

序号	技能要求	评分细则	配分	等级	得分
2	技能操作	作业3 (1)能正确地拆卸点火线圈 (2)能正确地安装点火线圈 作业4 (1)能正确地拆卸火花塞 (2)能正确地安装火花塞 作业5 (1)能正确检查火花塞陶瓷绝缘体 (2)能正确检查是否有积碳 (3)能正确测量火花塞间隙 作业6 更换新的火花塞	48	未完成1项扣4分，扣分不得超过48分	
3	工具及设备的使用	(1)能正确地选用扭力扳手 (2)能正确地使用扭力扳手 (3)能正确地选用橡皮套筒 (4)能正确地使用橡皮套筒	12	未完成1项扣3分，扣分不得超过12分	
4	资料查询	(1)能正确地识读维修手册查询资料 (2)能正确地使用用户手册查询资料 (3)能正确地记录所查询的章节及页码 (4)能正确地记录所需维修信息	8	未完成1项扣2分，扣分不得超过8分	
5	数据分析	(1)能判断火花塞陶瓷绝缘体是否正常 (2)能判断火花塞裙部是否有积碳 (3)能判断火花塞间隙是否正常	12	未完成1项扣4分，扣分不得超过12分	
6	表单填写	(1)字迹清晰 (2)语句通顺 (3)无错别字 (4)无涂改 (5)无抄袭	5	未完成1项扣1分，扣分不得超过5分	
总分			100		

任务三　传感器的检测

任务介绍

本节通过对汽油发动机电控点火系统传感器的检测，使得同学们进一步巩固理论知识，掌握传感器的作用、工作原理和检测方法，能在实车上找到各传感器在发动机上的安装位置，能正确拆装传感器，能够完成各传感器的检测。

任务分析

通过理实一体的方式完成本节任务，理论知识部分讲解时运用课件、图片、视频等展示各传感器的位置、结构、原理，介绍各传感器的检测方法；实践部分主要运用讨论法、问答法、演示法、练习法完成各传感器的检测。

相关知识

影响点火提前角的传感器主要有空气流量计、曲轴位置传感器、凸轮轴位置传感器、节气门位置传感器、冷却液温度传感器、爆震传感器、起动开关信号、空调开关信号等。

一、空气流量传感器

（一）作用

空气流量传感器也称为空气流量计（如图7-30所示），主要作用是对进入气缸的空气量进行测量，并把空气流量信号转变为电信号输送到ECU，ECU根据进气量信号、发动机转速信号即可计算出最佳喷油量，以获得与发动机运转工况相适应的最佳浓度的可燃混合气。空气流量信号是点火系统的主控信号。

图7-30　空气流量计实物

（二）安装位置

空气流量传感器一般安装在空气滤清器后方、节气门体前方的连接管道上，如图7-31所示。

图7-31　空气流量计的安装位置

（三）热线式空气流量传感器的连接电路

热线式空气流量传感器的连接电路，如图7-32所示。

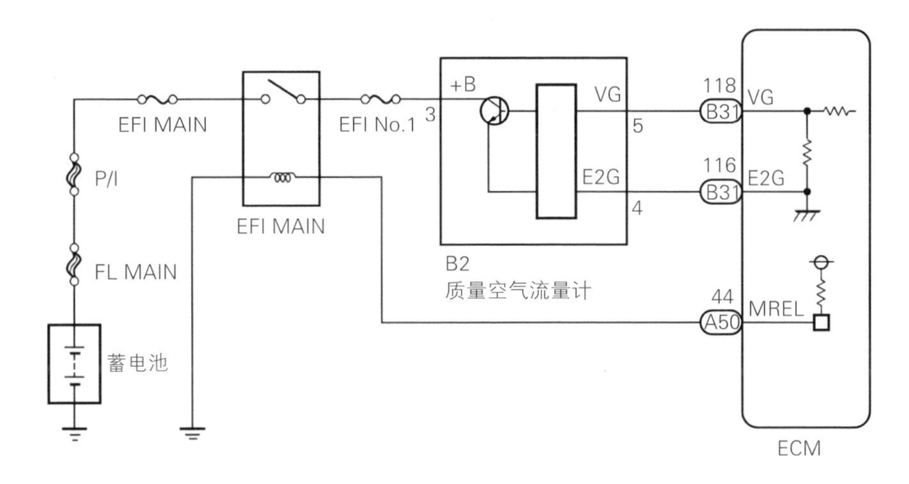

图7-32　热线式空气流量传感器的连接电路

二、曲轴位置传感器

（一）作用

曲轴位置传感器的作用是检测发动机曲轴运转的角度，将和曲轴角度一一对应的活塞运行位置信号转变为电信号及时发送至发动机ECU，用以控制点火正时和喷油正时。同时，曲轴位置传感器也是测量发动机转速的信号装置。曲轴转角信号是点火系统的主控信号。

（二）安装位置

曲轴位置传感器随着车型的变化，安装位置也不完全相同，但一般位于发动机的前端靠近曲轴皮带轮处、发动机的后端靠近飞轮处，如图7-33所示。

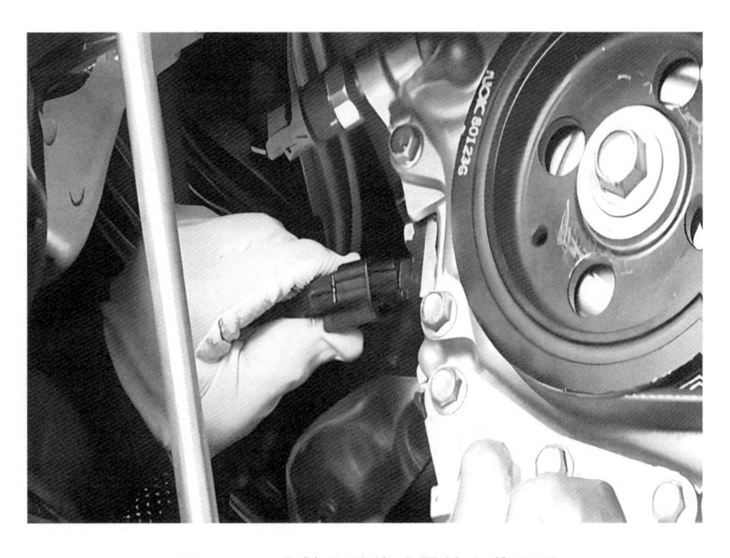

图7-33　曲轴位置传感器的安装位置

（三）曲轴位置传感器的连接线路

曲轴位置传感器的连接线路，如图7-34所示。

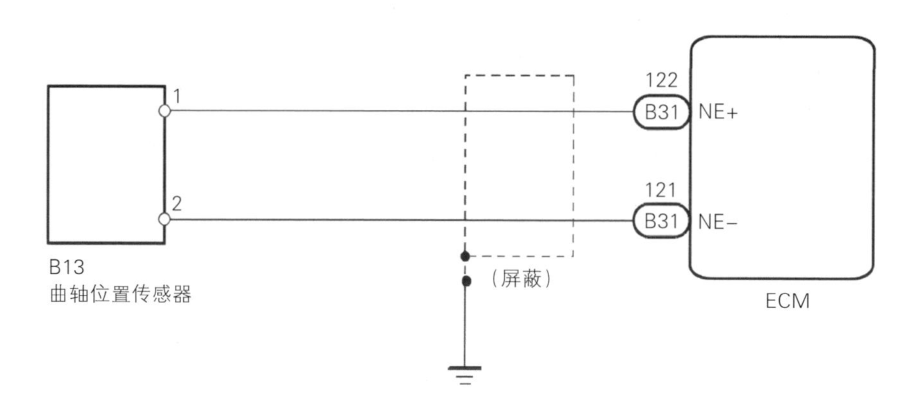

图7-34　曲轴位置传感器的连接电路

三、凸轮轴位置传感器

（一）作用

凸轮轴位置传感器又称判缸传感器，由于通过曲轴位置传感器只能识别一缸上止点，无法判断是压缩上止点还是排气上止点，所以需要凸轮轴位置传感器采集配气机构中凸轮轴的位置信号并输入ECU，以便ECU识别一缸压缩上止点位置，从而精确地对喷油顺序、点火正时和爆燃进行控制。凸轮轴转角信号是点火系统的主控信号。

（二）安装位置

凸轮轴位置传感器随着车型的变化，安装位置也不完全相同，但一般安装在凸轮轴的前端或后端的气缸盖罩上，如图7-35所示。

图7-35　凸轮轴位置传感器的安装位置

（三）连接电路

凸轮轴位置传感器连接电路如图7-36所示。

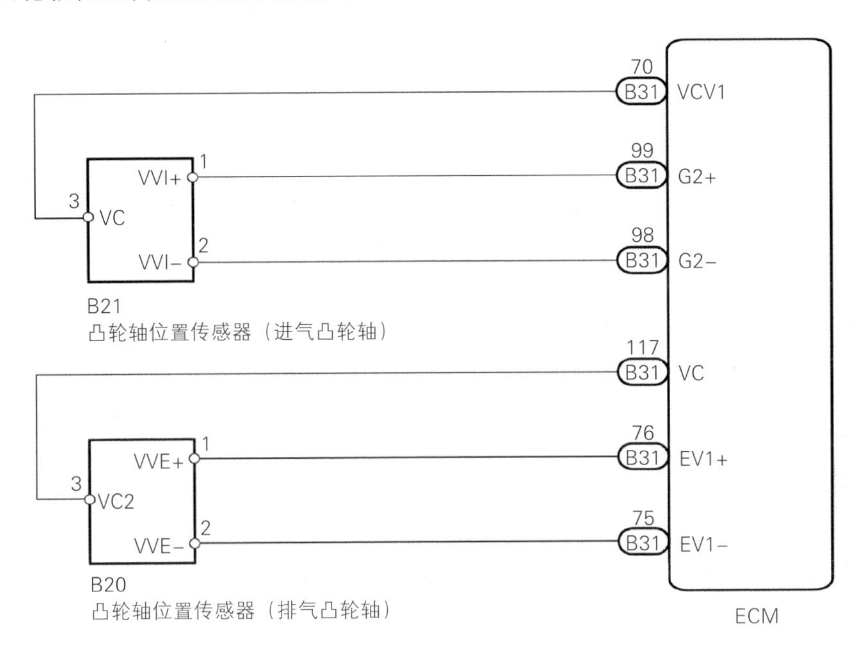

图7-36 凸轮轴位置传感器的连接电路

四、节气门位置传感器

（一）作用

节气门位置传感器主要是将节气门开度以及节气门开度变化速率，转变为电信号输入发动机ECU，用于判断发动机的各种工况，如怠速工况、加速工况、中小负荷工况等，从而控制喷油量、点火正时和燃油切断等。

（二）安装位置

节气门位置传感器安装在节气门体总成一侧，检测节气门开度。

（三）连接电路

连接示意图如图7-37所示，连接电路如图7-38所示。

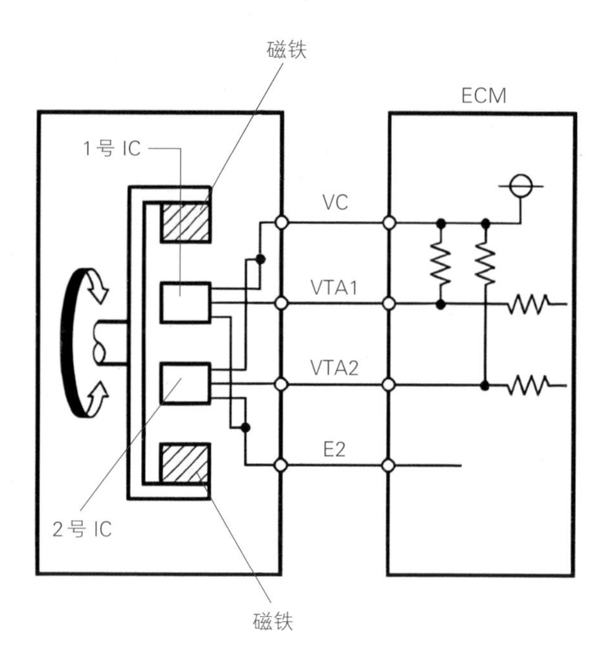

图7-37　节气门位置传感器连接示意图

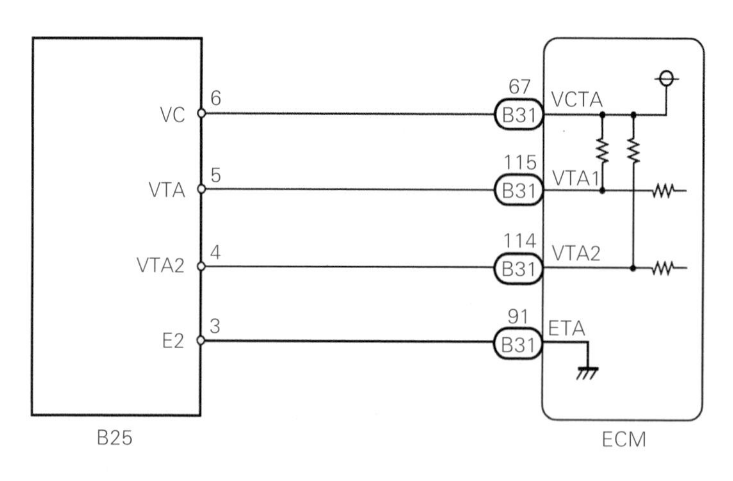

图7-38　节气门位置传感器连接电路图

五、冷却液温度传感器

（一）作用

冷却液温度传感器也叫水温传感器，用于检测发动机冷却液的温度，并以电压信号的形式传给ECU。冷却液温度信号是点火提前角的修正信号。

（二）安装位置

冷却液温度传感器一般安装在发动机气缸盖出水口的管道上，如图7-39所示。

图7-39　冷却液温度传感器的安装位置

（三）连接电路

连接电路如图7-40所示。

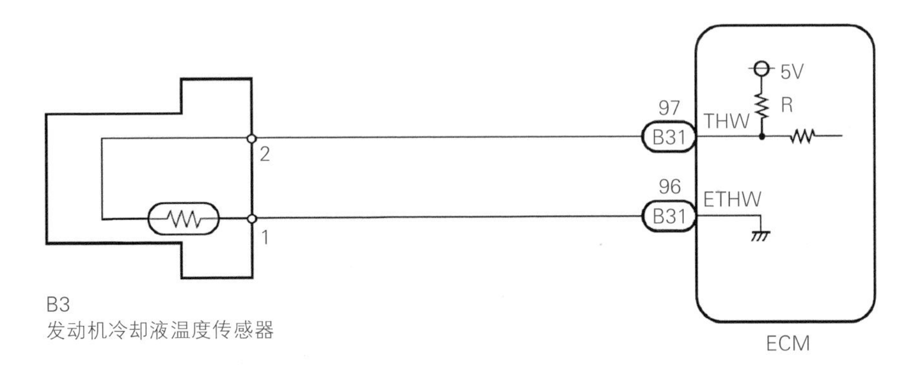

图7-40　冷却液温度传感器的连接电路

六、爆燃传感器

（一）作用

爆燃是由燃烧室中的可燃混合气自燃导致不正常燃烧的现象，当发动机产生爆燃时，会导致发动机冷却液过热，功率下降，油耗上升等，严重时还会造成活塞烧熔，爆燃的控制方法就是检测发动机是否出现爆燃，当出现爆燃时推迟点火提前角。

爆燃传感器的作用是感应发动机各种不同频率的振动，并将振动转化为不同的电压信号输送到ECU。当发动机发生爆燃时，爆燃传感器感应到此变化并产生较大的振幅信号，当ECU接收到该信号后对点火提前角进行修正，使其保持最佳，从而实现点火提前角的闭环控制。

（二）安装位置

爆燃传感器一般安装在发动机气缸体一侧的中部位置，如图7-41所示，四缸发动机一般安装一至两个爆燃传感器。

图7-41　爆燃传感器的安装位置

（三）爆燃传感器的连接电路

爆燃传感器的连接电路如图7-42所示。

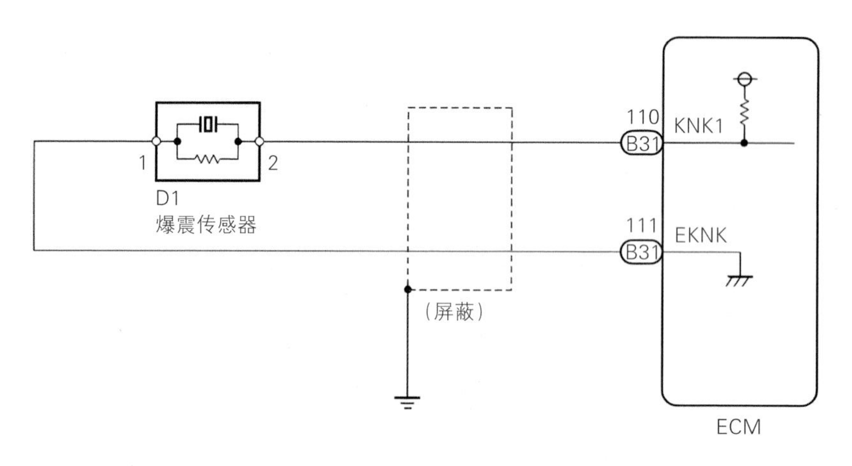

图7-42　爆燃传感器的连接电路

七、起动开关

（一）作用

起动开关向发动机ECU输入发动机正在起动中的信号，是点火提前角的修正信号。

（二）安装位置

安装位置在转向柱上或者中控台上。

八、空调开关A/C

（一）作用

空调开关向发动机ECU输入空调的工作信号，是点火提前角的修正信号。

（二）安装位置

安装位置在中控台空调操作面板上。

实践操作

一、实训器材

（一）设备

具备汽油机电控点火系统的车辆或电控发动机实训台架

（二）工具

120件套、万用表、故障诊断仪

（三）耗材

车内三件套、翼子板布、前格栅布、实训任务工单、评价量表。

二、作业准备

（1）检查实训环境、实训车辆的安全状况。

（2）放置车轮挡块，铺车内三件套、翼子板布、前格栅布。

三、操作步骤

（一）空气流量传感器的检测

空气流量传感器的检测

1.用故障诊断仪读取ECU故障码和数据流

（1）读取故障码

①检查变速器挡位是否处于P位，驻车制动器是否处于制动状态。

②将汽车故障诊断仪连接到车辆故障诊断接口。

③将点火开关打到ON位置。

④打开汽车故障诊断仪。

⑤选择汽车诊断。

⑥选择相应的车型。

⑦选择进入发动机系统。

⑧选择读取故障码。

查看诊断仪是否显示P0100（空气流量传感器电路）、P0102（空气流量传感器电路低输入）、P0103（空气流量传感器电路高输入）等与空气流量传感器相关的故障代码，如显示相关的故障代码，说明空气流量传感器或相关电路可能存在故障，需要执行相关的检查。

（2）选择读取数据流

使用诊断仪读取数据流：起动发动机，并打开诊断仪；选择以下菜单项，Powertrain/Engine and ECT/ DataList /MAF；读取诊断仪上的值。

2.空气流量传感器安装情况检测

（1）检查空气流量传感器的安装是否到位。

（2）检查空气流量传感器插接器的连接是否牢固。

3.空气流量传感器连接电路的检测

（1）断开空气流量传感器插接器插头。

（2）断开蓄电池负极端头，并断开ECU插接器。

（3）按表7-8、7-9中的值测量空气流量传感器到ECU的连接电路。

表7-8　空气流量传感器端子测量参考值

检测仪连接	条件	规定状态
B2-4-车身搭铁	点火开关ON	12 V左右

表7-9　空气流量传感器到ECU的连接电路测量参考值

检测仪连接	条件	规定状态
B2-4-B31-116(E2G)	始终	小于1 Ω
B2-5-B31-118(VG)	始终	小于1 Ω
B2-4或B31-116(E2G)-车身搭铁	始终	10 kΩ或更大
B2-5或B31-118(VG)-车身搭铁	始终	10 kΩ或更大

（二）曲轴位置传感器的检测

曲轴位置传感器的检测

1.用诊断仪读取故障代码与数据流

（1）读取故障码

①检查变速器挡位是否处于P位，驻车制动器是否处于制动状态。

②将汽车故障诊断仪连接到车辆故障诊断接口。

③将点火开关打到ON位置。

④打开汽车故障诊断仪。

⑤选择汽车诊断。

⑥选择相应的车系。

⑦选择进入发动机系统。

⑧选择读取故障码。

查看诊断仪是否显示P0335（曲轴位置传感器A电路）等与曲轴位置传感器相关的故障代码，如显示相关的故障代码，说明曲轴位置传感器或相关电路可能存在故障，需要执行相关的检查。

（2）读取数据流

①打开故障诊断仪，按指示菜单操作，进入发动机系统，选择读取数据流.

②一边起动发动机，一边读取发动机转速数据流，如果数值为零，说明曲轴位置传感器、相关电路或ECU可能存在故障。

2. 曲轴位置传感器及相关电路的检测

（1）拆卸曲轴位置传感器

①用举升机举升车辆。

②按压曲轴位置传感器线束插接器锁扣，检查插头插接器是否连接良好。

③拔出插接器，观察是否有锈蚀、松动，然后分离插接器。

④选用合适的工具，正确使用工具拧下传感器螺栓并取下。

⑤轻轻转动传感器壳体，并取下传感器。

（2）检测曲轴位置传感器

①检查确认传感器外观是否完好，O型圈是否损坏或老化。

②选用数字式万用表，正、负表笔对测，检测万用表测量误差是否正常。

③选择Ω挡，将红、黑表笔分别与传感器两端子连接，检测传感器线圈电阻是否正常。正常的传感器线圈阻值冷态（-10～50 ℃）下为1630～2740 Ω，热态（50～100 ℃）下为2065～3225 Ω。如测量值不在上述范围内，则需更换曲轴位置传感器。

（3）检测曲轴位置传感器电路

①断开曲轴位置传感器插接器。

②断开ECM插接器。

③根据表7-10的值测量电阻，如不在此表范围内，说明传感器连接电路损坏。

表7-10　曲轴位置传感器连接电路测量参考值

检测仪连接	条件	规定状态
B31-1-B31-122(NE+)	始终	小于1 Ω
B31-2-B31-122(NE-)	始终	小于1 Ω
B31-1-B31-122(NE+)-车身搭铁	始终	10 kΩ或更大
B31-2-B31-121(NE-)-车身搭铁	始终	10 kΩ或更大

④重新连接ECM插接器。

⑤重新连接曲轴位置传感器插接器。

（三）凸轮轴位置传感器的检测

凸轮轴位置传感器的检测

1.用诊断仪读取故障码

（1）检查变速器是否处于P位，驻车制动器是否处于制动状态。

（2）找到位于仪表板左下方的车辆诊断座，将汽车故障诊断仪连接到车辆故障诊断接口。

（3）起动发动机。

（4）打开故障诊断仪，按指示菜单操作，进入发动机系统。

（5）读取故障码。

查看诊断仪是否显示P0340、P0342或P0343等与进气凸轮轴位置传感器相关的故障代码，如显示相关的故障代码，说明进气凸轮轴位置传感器或相关电路可能存在故障，需要检查。

2.凸轮轴位置传感器电路的检测

（1）凸轮轴位置传感器电源检测

①断开凸轮轴位置传感器插接器。

②将点火开关置于ON位置。

③根据表7-11中的值测量电压。

表7-11　凸轮轴位置传感器连接端子电压参考值

检测仪连接	开关状态	规定状态
B21-3(VC)-车身搭铁	ON	4.5～5.0 V

④重新连接凸轮轴位置传感器连接器。

如果所测电压值正常，则进行下一步骤（凸轮轴位置传感器连接电路测量）；否则检查VC以及与搭铁之间的通断情况。

（2）凸轮轴位置传感器连接电路测量

①断开凸轮轴位置传感器插接器。

②断开ECM插接器。

③根据表7-12中的值测量电阻。

表7-12　凸轮轴位置传感器连接电路测量参考值

检测仪连接	条件	规定状态
B21-1(VVI+)-B31-99(G2+)	始终	小于1 Ω

续表7-12

检测仪连接	条件	规定状态
B21-2(VVI+)-B31-98(G2-)	始终	小于1 Ω
B21-1(VVI+)或B31-99(G2+)-车身搭铁	始终	10 kΩ或更大
B21-1(VVI-)或B31-98(G2-)-车身搭铁	始终	10 kΩ或更大

④重新连接ECM插接器。

⑤重新连接凸轮轴位置传感器插接器。

如果所测阻值正常，则进行下一步骤（检查传感器的安装情况）；否则更换线束或插接器（进气凸轮轴位置传感器-ECM）。

（3）检查传感器的安装情况

检查凸轮轴位置传感器的安装情况：如果传感器安装正确，则检查凸轮轴信号盘，信号盘凸齿应无任何裂纹或变形。如果凸齿正常，则更换凸轮轴位置传感器，如图7-43所示。

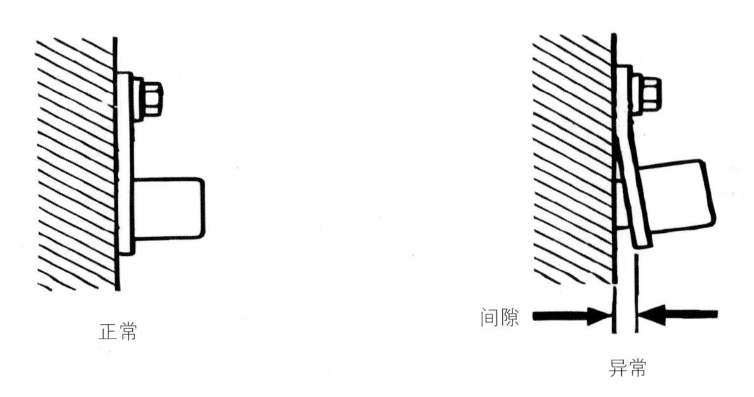

图7-43　凸轮轴位置传感器的安装位置对比

3.更换凸轮轴位置传感器

（1）凸轮轴位置传感器的拆卸

①拆卸发动机盖罩。

②断开进气凸轮轴位置传感器线束插接器：按压凸轮轴位置传感器插接器锁扣，待确认锁止装置完全脱离后，断开进气凸轮轴位置传感器线束插接器。

③拆卸凸轮轴位置传感器的固定螺栓：选用10 mm套筒、棘轮扳手拆卸进气凸轮轴位置传感器固定螺栓，并用手取下螺栓。

④握住凸轮轴位置传感器，并拔出。如凸轮轴位置传感器拔不出，切勿硬拔，应先左右旋动凸轮轴位置传感器，使传感器的密封圈与缸盖的安装孔松动，然后再

垂直拔出凸轮轴位置传感器。

（2）更换新的凸轮轴位置传感器

①确认新的凸轮轴位置传感器零件号。

②检查新的凸轮轴位置传感器外观是否完好。

③检查安装平面是否正常，针脚是否有弯曲或腐蚀。

④检查新的凸轮轴位置传感器密封圈是否完好。

⑤将新的凸轮轴位置传感器垂直放入安装孔内。

⑥用手将凸轮轴位置传感器固定螺栓旋入螺纹处。

⑦选用10 mm套筒、扭力扳手将凸轮轴位置传感器固定螺栓安装至规定扭矩，即10 N·m。

⑧连接凸轮轴位置传感器插接器。

⑨再次读取故障码，如果故障码仍然存在，则更换ECU。

（四）节气门位置传感器的检测

节气门位置传感器的检测

1.使用汽车故障诊断仪读取ECU故障码和数据流

（1）读取故障码

①检查变速器挡位是否处于P位，驻车制动器是否处于制动状态。

②打开位于仪表板左下方的车辆诊断接口盖，将汽车故障诊断仪连接到车辆故障诊断接口。

③起动发动机。

④打开故障诊断仪，按指示菜单操作，进入发动机系统。

⑤选择读取故障码，可能的故障码见表7-13。

表7-13 节气门位置传感器可能的故障码

故障码	故障说明
P0120	节气门/踏板位置传感器/开关“A”电路故障
P0122	节气门/踏板位置传感器/开关“A”电路低输入
P0123	节气门/踏板位置传感器/开关“A”电路高输入
P0220	节气门/踏板位置传感器/开关“B”电路故障
P0222	节气门/踏板位置传感器/开关“B”电路低输入
P0223	节气门/踏板位置传感器/开关“B”电路高输入
P2135	节气门/踏板位置传感器/开关“A”/“B”电路故障

（2）读取数据流

①打开故障诊断仪，按指示菜单操作，进入发动机系统。

②选择读取发动机系统数据流，数据流标准见表7-14。

表7-14　数据流标准值

检测仪显示	完全松开油门踏板	完全踩下油门踏板
节气门位置1	0.5～1.1 V	3.3～4.9 V
节气门位置2	2.1～3.1 V	4.6～5.0 V

2.测量节气门位置传感器电路

（1）电路测量

①断开节气门位置传感器连接器。

②断开ECU连接器。

③根据表7-15、7-16中的值测量电路。

表7-15　节气门位置传感器参考值（断路检查）

检测仪连接	条件	规定状态
B25-5(VC)-B31-67(VCTA)	始终	小于1 Ω
B25-6(VTA)-B31-115(VTA1)	始终	小于1 Ω
B25-4(VTA2)-B31-114(VTA2)	始终	小于1 Ω
B25-3(E2)-B31-91(ETA)	始终	小于1 Ω

表7-16　节气门位置传感器参考值（短路检查）

检测仪连接	条件	规定状态
B25-5(VC)或B31-67(VCTA)-车身搭铁	始终	10 kΩ或更大
B25-6(VTA)或B31-115(VTA1)-车身搭铁	始终	10 kΩ或更大
B25-4(VTA2)或B31-114(VTA2)-车身搭铁	始终	10 kΩ或更大

如测量值不在上表的范围内，说明该电路存在断路或短路的故障，需要更换或维修节气门位置传感器至ECU的连接电路。如正常，则进行下一步测量。

（2）电压测量

根据表7-17中的标准电压参考值测量电压。

表7-17　节气门位置传感器信号电压参考值

检测仪连接	开关状态	规定状态
B25-5(VC)-B25-3(E2)	ON	4.5～5.5 V

如测量值不在上表的范围内，说明ECU损坏，需更换ECU；如测量值在上表的范围内，则说明节气门位置传感器损坏，需更换节气门体总成。

（五）冷却液温度传感器的检测

冷却液温度传感器的检测

1.用故障诊断仪读取故障码与数据流

（1）读取故障码

①检查变速器挡位是否处于P位，驻车制动器是否处于制动状态。

②将汽车故障诊断仪连接到车辆故障诊断接口。

③起动发动机。

④打开故障诊断仪，按指示菜单操作，进入发动机系统。

⑤选择读取故障码，可能的故障码如表7-18所示。

表7-18　冷却液温度传感器可能的故障码

故障码	故障说明
P0115	发动机冷却液温度电路故障
P0116	发动机冷却液温度电路范围/性能故障
P0117	发动机冷却液温度电路低输入
P0118	发动机冷却液温度电路高输入

（2）读取数据流

①打开故障诊断仪，按指示菜单操作，进入发动机系统。

②选择读取发动机系统数据流，结果见表7-19所示。

表7-19　冷却液温度传感器数据流

结果	说明
显示温度为-40 ℃	故障1诊断与排除
显示温度为140 ℃或更高	故障2诊断与排除

标准：发动机暖机时，冷却液温度在80～100 ℃之间。

2.冷却液温度传感器的故障诊断与排除

（1）故障1诊断与排除

冷却液温度传感器电路断路的诊断：

①确认发动机冷却液温度传感器连接器连接良好。

②断开冷却液温度传感器插接器。

③用短接线连接线束侧传感器插接器端子1和2，如图7-44所示。

④将故障诊断仪连接到故障诊断座。

⑤将点火开关置于ON位置并开启诊断仪。

⑥用诊断仪读取冷却液温度数据流。

标准：140 ℃或更高。

如果读取的数值在140 ℃或以上，则更换发动机冷却液温度传感器；如仍显示-40 ℃，则需检测冷却液温度传感器连接电路是否存在断路故障。

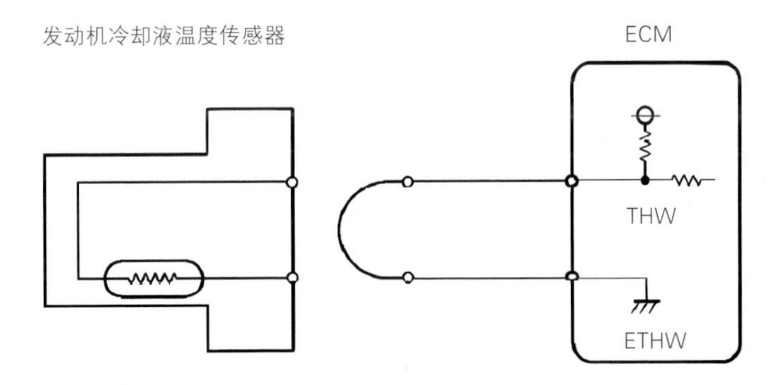

线束连接器前视图：
（至发动机冷却液温度传感器）

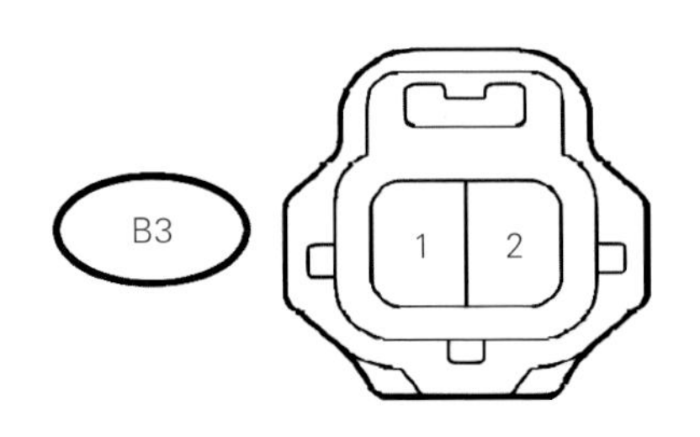

图7-44　冷却液温度传感器的插接器端子

（2）故障2诊断与排除

冷却液温度传感器电路短路的诊断：

①断开冷却液温度传感器插接器。

②将故障诊断仪连接到故障诊断座。

③将点火开关置于ON位置并开启诊断仪。

④用诊断仪读取冷却液温度数据流。

标准：-40 ℃。

如果读取的数值在标准范围内，则更换发动机冷却液温度传感器；如仍显示140 ℃，则需检测冷却液温度传感器连接电路是否存在短路故障。

（3）冷却液温度传感器的检测

①断开冷却液温度传感器插接器。

②选用合适的工具（棘轮扳手，19 mm套筒），正确组合工具，拧松冷却液温度传感器，并用手取下。

③检查冷却液温度传感器外观是否破损。

④选用数字万用表，调到Ω档，将红、黑表笔互测检查万用表误差。

⑤将冷却液温度传感器放入盛有水的烧杯中，并加热，测量不同温度下传感器的阻值。正常情况下，在20 ℃时，标准阻值为2.32～2.59 kΩ；80 ℃时，标准阻值为0.31～0.33 kΩ，如果测得的阻值不符合标准，则更换冷却液温度传感器。

（4）冷却液温度传感器至ECU电路的检测

①断开发动机冷却液温度传感器插接器。

②断开ECU插接器。

③根据表7-20中的值测量电阻。

表7-20　冷却液温度传感器至ECU电路检测参考值

检测仪连接	条件	规定状态
B3-2-B31-97(THW)	始终	小于1 Ω
B3-1-B31-96(ETHW)	始终	小于1 Ω
B3-2或B31-97(THW)-车身搭铁	始终	10 kΩ或更大

如果测量的数值不在规定范围内，则更换线束或插接器（冷却液温度传感器至ECU）；如果测量的数值在规定范围内，则更换ECU。

（六）爆燃传感器的检测

爆燃传感器的检测

1.用诊断仪读取故障码

①检查变速器挡位是否处于P位，驻车制动器是否处于制动状态。

②打开位于仪表板左下方的车辆诊断接口盖，将汽车故障诊断仪连接到车辆故障诊断接口。

③起动发动机。

④打开故障诊断仪，按指示菜单操作，进入发动机系统。

⑤选择读取故障码，可能的故障码见表7-21所示。

表7-21　爆燃传感器可能的故障代码

故障码	故障说明
P0327	爆燃传感器电路低输入
P0328	爆燃传感器电路高输入

2.爆燃传感器的检查

（1）爆燃传感器的就车检查

①起动发动机，使发动机怠速运转。

②用扳手或其他金属物体敲击一下发动机缸体，发动机转速应该有轻微下降然后又马上恢复，此现象说明爆燃传感器在起作用，爆燃传感器及其线路基本没有问题；反之，说明爆燃传感器或线路出现故障，应检查爆燃传感器与线路是否存在问题。

③检查爆燃传感器连接线路是否松动或连接是否异常等。

（2）爆燃传感器的检测

①断开爆燃传感器插接器。

②选用合适的工具（10 mm套筒、棘轮扳手），正确组合工具，拆下固定螺栓，然后拆下爆燃传感器。

③选用数字万用表，调整到Ω档，将红、黑表笔互测，检查万用表的测量误差；将红、黑表笔分别连接到爆燃传感器的两个端子上，读取并记录万用表数据；在20 ℃时，标准电阻为120～280 kΩ（丰田车系），若测得的数据与标准不符合，则更换爆燃传感器。

④按照拆卸相反的顺序安装爆燃传感器，紧固爆燃传感器固定螺栓时，扭矩为20 N·m。

（3）爆燃传感器电路的检测

①断开爆燃传感器插接器插头。

②断开蓄电池负极端头，并断开ECU插接器。

③按表7-22、7-23中的值测量爆燃传感器到ECU的连接电路。

表7-22　爆燃传感器至ECU连接电路测量参考值（断路检查）

检测仪连接	条件	规定状态
D1-2-B31-110(KNK1)	始终	小于1Ω
D1-1-B31-111(EKNK)	始终	小于1Ω

表7-23 爆燃传感器至ECU连接电路测量参考值（短路检查）

检测仪连接	条件	规定状态
D1-2或B31-110(KNK1)-车身搭铁	始终	10 kΩ或更大
D1-1或B31-111(EKNK)-车身搭铁	始终	10 kΩ或更大

四、实训流程安排

（1）集合，实训教师进行安全教育并组织同学们进行安全演练，讲解实训操作过程中的基本要求和注意事项。

（2）分组，选出小组长，发放实训任务工单。

（3）车间安全检查：检查设备的维护情况，举升机的维修与使用记录，检查消防栓和灭火器，检查安全通道是否畅通。

（4）回到工位，实训教师通过导向点名提问的方式，检查同学们对各传感器的掌握情况。

（5）实训教师讲解传感器的安装位置及拆装注意事项并演示。

（6）实训教师讲解传感器的检测方法并演示。

（7）以实训开始时的分组为单位，对传感器进行拆卸、检测、安装。

（8）用评价量表考核评价。

（9）恢复工位，整理工具，归还。

（10）打扫实训室卫生。

（本节主要传感器的检测按课时进行，均适用以上流程）

思考与练习

哪些传感器信号是发动机点火系统的主控信号，即哪些传感器决定基本的点火提前角？

任务三工单　传感器的检测

1.任务分组

班级		组号		指导老师	
组长		学号			
小组成员	姓名	学号	角色分工		
			监护人员		
			操作人员		
			记录人员		
			评分人员		

2.任务准备

注意事项：

（1）进入实训车间应穿戴工作服、工作鞋，不可佩戴手表、钥匙等金属配饰，以免划伤实训设备。

（2）学生操作时，必须有教师进行指导和监护。

（3）注意工具的正确使用和摆放，以防掉落伤人。

工具准备：

120件套、螺丝刀工具包、扭力扳手、万用表、故障诊断仪、内外防护六件套。

3.任务实施

学生在教师的指导下完成分组，小组成员合理分工，完成点火系统相关传感器的检测。

（1）空气流量传感器的检测

序号	作业内容	具体作业要求	结果记录
1	实训环境检查	安全设施检查	
		实训工具检查	
		实训车辆检查	
2	读取故障码	连接诊断仪	
		读取故障码	
		识别与空气流量传感器相关的故障码	
3	读取数据流	连接诊断仪	
		读取空气流量相关数据流	
		查维修手册	
4	空气流量传感器安装情况检查	检查空气流量传感器的安装是否到位	
		检查空气流量传感器插接器的连接是否牢固	
5	空气流量传感器连接电路的检测	断开空气流量计插接器	
		断开ECU插接器	
		测量B2-4-车身搭铁端子电压	
		测量B2-4-B31-116(E2G)间电阻	
		测量B2-5-B31-118(VG)间电阻	
		测量B2-4或B31-116(E2G)-车身搭铁间电阻	
		测量B2-5或B31-118(VG)-车身搭铁间电阻	

（2）曲轴位置传感器的检测

序号	作业内容	具体作业要求	结果记录
1	实训环境检查	安全设施检查	
		实训工具检查	
		实训车辆检查	
2	读取故障码	连接诊断仪	
		读取故障码	
		识别与曲轴位置相关的故障码	

序号	作业内容	具体作业要求	结果记录
3	读取数据流	连接诊断仪	
		读取发动机转速数据流	
		查维修手册	
4	曲轴位置传感器安装情况检查	检查曲轴位置传感器的安装是否到位	
		检查曲轴位置传感器插接器的连接是否牢固	
5	曲轴位置传感器连接电路的检测	断开曲轴位置传感器插接器	
		断开ECU插接器	
		测量B31-1-B31-122(NE+)端子间电阻	
		测量B31-2-B31-122(NE-)端子间电阻	
		测量B31-1-B31-122(NE+)-车身搭铁端子间电阻	
		测量B31-2-B31-121(NE-)-车身搭铁端子间电阻	

（3）凸轮轴位置传感器的检测

序号	作业内容	具体作业要求	结果记录
1	实训环境检查	安全设施检查	
		实训工具检查	
		实训车辆检查	
2	读取故障码	连接诊断仪	
		读取故障码	
		识别与凸轮轴位置相关的故障码	
3	凸轮轴位置传感器安装情况检查	检查凸轮轴位置传感器的安装是否到位	
		检查信号盘凸齿有无裂纹或变形	
4	凸轮轴位置传感器电源检测	断开凸轮轴位置传感器插接器	
		点火开关ON	
		测量B21-3(VC)-车身搭铁端子间电压	

序号	作业内容	具体作业要求	结果记录
5	凸轮轴位置传感器连接电路的检测	断开凸轮轴位置传感器插接器	
		断开ECU插接器	
		测量B21-1(VVI+)-B31-99(G2+)端子间电阻	
		测量B21-2(VVI+)-B31-98(G2-)端子间电阻	
		测量B21-1(VVI+)或B31-99(G2+)-车身搭铁端子间电阻	
		测量B21-1(VVI-)或B31-98(G2-)-车身搭铁端子间电阻	

（4）节气门位置传感器的检测

序号	作业内容	具体作业要求	结果记录
1	实训环境检查	安全设施检查	
		实训工具检查	
		实训车辆检查	
2	读取故障码	连接诊断仪	
		读取故障码	
		识别与节气门相关的故障码	
3	读取数据流	连接诊断仪	
		踩油门踏板	
		读取节气门开度数据流	
		查维修手册	
4	节气门位置传感器信号电压测量	断开节气门位置传感器插接器	
		点火开关ON	
		测量B25-5(VC)-B25-3(E2)间电压	
5	节气门位置传感器连接电路的检测	断开节气门位置传感器插接器	
		断开ECU插接器	
		测量B25-5(VC)-B31-67(VCTA)间电阻	
		测量B25-6(VTA)-B31-115(VTA1)间电阻	
		测量B25-4(VTA2)-B31-114(VTA2)间电阻	

序号	作业内容	具体作业要求	结果记录
		测量B25-3(E2)-B31-91(ETA)间电阻	
		测量B25-5(VC)或B31-67(VCTA)-车身搭铁间电阻	
		测量B25-6(VTA)或B31-115(VTA1)-车身搭铁间电阻	
		测量B25-4(VTA2)或B31-114(VTA2)-车身搭铁间电阻	

（5）冷却液温度传感器的检测

序号	作业内容	具体作业要求	结果记录
1	实训环境检查	安全设施检查	
		实训工具检查	
		实训车辆检查	
2	读取故障码	连接诊断仪	
		读取故障码	
		识别与冷却液温度传感器相关的故障码	
3	读取数据流	连接诊断仪	
		读取冷却液温度数据流	
		查维修手册	
4	冷却液温度传感器的检测	断开冷却液温度传感器插接器	
		拆卸冷却液温度传感器	
		检查外观	
		常温下测量其阻值	
		不同温度下测量其阻值	
5	冷却液温度传感器连接电路的检测	断开冷却液温度传感器插接器	
		断开ECU插接器	
		测量B3-2-B31-97(THW)间电阻	
		测量B3-1-B31-96(ETHW)间电阻	
		测量B3-2或B31-97(THW)-车身搭铁间电阻	

（6）爆燃传感器的检测

序号	作业内容	具体作业要求	结果记录
1	实训环境检查	安全设施检查	
		实训工具检查	
		实训车辆检查	
2	读取故障码	连接诊断仪	
		读取故障码	
		识别与爆燃传感器相关的故障码	
3	爆燃传感器就车检查	发动机怠速运转	
		敲击发动机缸体看发动机转速是否变化	
		检查爆燃传感器连接线路是否松动或异常	
4	爆燃传感器的检测	断开爆燃传感器插接器	
		拆卸爆燃传感器	
		用万用表测量其端子电阻	
		安装爆燃传感器	
5	爆燃传感器连接电路的检测	断开爆燃传感器插接器	
		断开ECU插接器	
		测量D1-2-B31-110(KNK1)间电阻	
		测量D1-1-B31-111(EKNK)间电阻	
		测量D1-2或B31-110(KNK1)-车身搭铁间电阻	
		测量D1-1或B31-111(EKNK)-车身搭铁间电阻	

4.考核评价

（1）空气流量传感器

序号	技能要求	评分细则	配分	等级(分)	得分
1	安全实训	安全实训完全符合操作规程	10	10	
		安全实训基本符合操作规程		5	
		操作过程中损坏零部件及工量具扣5分，零件或工具掉落一次扣1分，最高扣5分		0	

序号	技能要求	评分细则	配分	等级(分)	得分
2	正确读取故障码	能够正确读取故障码	10	10	
		在老师或者小组长的指导下能正确读取故障码		5	
		不能正确读取故障码		0	
3	正确读取数据流	能够正确读取数据流	10	10	
		在老师或者小组长的指导下能正确读取数据流		5	
		不能正确读取数据流		0	
4	检查空气流量传感器安装情况	独立完成检查,并能准确记录检查结果	10	10	
		在老师或者小组长的指导下能完成检查		5	
		不会检查		0	
5	检测空气流量传感器连接电路	独立完成5项检查,并准确记录结果	50	50	
		独立完成4项检查,并准确记录结果		40	
		独立完成3项检查,并准确记录结果		30	
		独立完成2项检查,并准确记录结果		20	
		独立完成1项检查,并准确记录结果		10	
		不会检查		0	
6	8S管理	严格按照生产车间8S管理制度完成实践操作,未完成不得分,每少做一项扣2分	10	10	
总分			100		

（2）曲轴位置传感器

序号	技能要求	评分细则	配分	等级(分)	得分
1	安全实训	安全实训完全符合操作规程	10	10	
		安全实训基本符合操作规程		5	
		操作过程中损坏零部件及工量具扣5分,零件或工具掉落一次扣1分,最高扣5分		0	
2	正确读取故障码	能够正确读取故障码	10	10	
		在老师或者小组长的指导下能正确读取故障码		5	
		不能正确读取故障码		0	

序号	技能要求	评分细则	配分	等级(分)	得分
3	正确读取数据流	能够正确读取数据流	10	10	
		在老师或者小组长的指导下能正确读取数据流		5	
		不能正确读取数据流		0	
4	检查曲轴位置传感器安装情况	独立完成检查,并能准确记录检查结果	15	15	
		在老师或者小组长的指导下能完成检查		10	
		不会检查		0	
5	检测曲轴位置传感器连接电路	独立完成4项检查,并准确记录结果	40	40	
		独立完成3项检查,并准确记录结果		30	
		独立完成2项检查,并准确记录结果		20	
		独立完成1项检查,并准确记录结果		10	
		不会检查		0	
6	8S管理	严格按照生产车间8S管理制度完成实践操作,未完成不得分,每少做一项扣2分	15	15	
总分			100		

（3）凸轮轴位置传感器

序号	技能要求	评分细则	配分	等级(分)	得分
1	安全实训	安全实训完全符合操作规程	10	10	
		安全实训基本符合操作规程		5	
		操作过程中损坏零部件及工量具扣5分,零件或工具掉落一次扣1分,最高扣5分		0	
2	正确读取故障码	能够正确读取故障码	10	10	
		在老师或者小组长的指导下能正确读取故障码		5	
		不能正确读取故障码		0	
3	检查凸轮轴位置传感器安装情况	独立完成检查,并能准确记录检查结果	15	15	
		在老师或者小组长的指导下能完成检查		10	
		不会检查		0	

序号	技能要求	评分细则	配分	等级(分)	得分
4	检查凸轮轴位置传感器电源	独立完成检查，并能准确记录检查结果	15	15	
		在老师或者小组长的指导下能完成检查		10	
		不会检查		0	
5	检测凸轮轴位置传感器连接电路	独立完成4项检查，并准确记录结果	40	40	
		独立完成3项检查，并准确记录结果		30	
		独立完成2项检查，并准确记录结果		20	
		独立完成1项检查，并准确记录结果		10	
		不会检查		0	
6	8S管理	严格按照生产车间8S管理制度完成实践操作，未完成不得分，每少做一项扣2分	10	10	
总分			100		

（4）节气门位置传感器

序号	技能要求	评分细则	配分	等级(分)	得分
1	安全实训	安全实训完全符合操作规程	10	10	
		安全实训基本符合操作规程		5	
		操作过程中损坏零部件及工量具扣5分，零件或工具掉落一次扣1分，最高扣5分		0	
2	正确读取故障码	能够正确读取故障码	15	15	
		在老师或者小组长的指导下能正确读取故障码		10	
		不能正确读取故障码		0	
3	正确读取数据流	能够正确读取数据流	15	15	
		在老师或者小组长的指导下能正确读取数据流		10	
		不能正确读取数据流		0	
4	测量节气门位置传感器信号电压	独立完成测量，并能准确记录数据	15	15	
		在老师或者小组长的指导下能完成检查		10	
		不会检查		0	

序号	技能要求	评分细则	配分	等级(分)	得分
5	检测节气门位置传感器连接电路	独立完成7项检查,并准确记录结果	35	35	
		独立完成6项检查,并准确记录结果		30	
		独立完成5项检查,并准确记录结果		25	
		独立完成4项检查,并准确记录结果		20	
		独立完成3项检查,并准确记录结果		15	
		独立完成2项检查,并准确记录结果		10	
		独立完成1项检查,并准确记录结果		5	
		不会检查		0	
6	8S管理	严格按照生产车间8S管理制度完成实践操作,未完成不得分,每少做一项扣2分	10	10	
总分			100		

（5）冷却液温度传感器

序号	技能要求	评分细则	配分	等级(分)	得分
1	安全实训	安全实训完全符合操作规程	15	15	
		安全实训基本符合操作规程		10	
		操作过程中损坏零部件及工量具扣5分,零件或工具掉落一次扣1分,最高扣5分		0	
2	正确读取故障码	能够正确读取故障码	15	15	
		在老师或者小组长的指导下能正确读取故障码		10	
		不能正确读取故障码		0	
3	正确读取数据流	能够正确读取数据流	15	15	
		在老师或者小组长的指导下能正确读取数据流		10	
		不能正确读取数据流		0	
4	检测冷却液温度传感器	能正确拆卸得5分,会检查外观得5分,会测其阻值,得5分	15	15	
		在老师或者小组长的指导下能完成检测,每一项得3分		10	
		不会检查		0	

序号	技能要求	评分细则	配分	等级(分)	得分
5	检测冷却液温度传感器连接电路	独立完成3项检查,并准确记录结果	30	30	
		独立完成2项检查,并准确记录结果		20	
		独立完成1项检查,并准确记录结果		10	
		不会检查		0	
6	8S管理	严格按照生产车间8S管理制度完成实践操作,未完成不得分,每少做一项扣2分	10	10	
总分			100		

(6) 爆燃传感器

序号	技能要求	评分细则	配分	等级(分)	得分
1	安全实训	安全实训完全符合操作规程	10	10	
		安全实训基本符合操作规程		5	
		操作过程中损坏零部件及工量具扣5分,零件或工具掉落一次扣1分,最高扣5分		0	
2	正确读取故障码	能够正确读取故障码	10	10	
		在老师或者小组长的指导下能正确读取故障码		5	
		不能正确读取故障码		0	
3	就车检查爆燃传感器	明确就车检查条件得5分,会敲击查看转速变化得5分,能正确检查线路得5分	15	15	
		在老师或者小组长的指导下能明确就车检查条件得3分,会敲击查看转速变化得3分,能正确检查线路得3分		10	
		不能检查		0	
4	检测爆燃传感器	能正确拆卸得5分,检查外观得5分,会测其阻值得5分,正确安装得5分	15	20	
		在老师或者小组长的指导下能完成检测,每一项得3分		12	
		不会检查		0	

序号	技能要求	评分细则	配分	等级(分)	得分
5	检测爆燃传感器连接电路	独立完成4项检查,并准确记录结果	40	40	
		独立完成3项检查,并准确记录结果		30	
		独立完成2项检查,并准确记录结果		20	
		独立完成1项检查,并准确记录结果		10	
		不会检查		0	
6	8S管理	严格按照生产车间8S管理制度完成实践操作,未完成不得分,每少做一项扣2分	10	10	
总分			100		

奥迪典型发动机简介

本章为“奥迪订单班”实践配套学习内容，结合奥迪发动机进行拆装训练，其他班级可选用。

任务一　第三代EA888系列发动机技术简述

德国奥迪公司的EA888系列发动机，现在已经发展到第三代了。持续不断的开发，是为了满足越来越严的排放标准和用户要求降低燃油消耗的需求。为此，该发动机总成在所有方面都进行了根本性的修改，除了减小了外形体积外，降低转速的作用也是越来越大了，如图8-1所示。

与前代机型一样，这款发动机有1.8 L排量的，也有2.0 L排量的，但国内目前主要以2.0 L发动机为主，装配于奥迪全系，同时可用于其他主要品牌。另外，该发动机动力总成的功率频谱是非常宽的。

研发第三代发动机机型的工程师们把开发重点放在以下几点：

（1）所有型号发动机的通用件比例要高。

（2）降低发动机重量。

（3）减小发动机的内摩擦。

（4）燃油消耗要小，同时，功率和扭矩要高。

（5）改善舒适性。

图8-1　EA888系列第三代发动机

另外，发动机要能在所有市场使用，即使在燃油质量很差的国家也可使用。这款“全球发动机”在日渐增多的混合动力方面也是起到重要作用的。

这款发动机使用到的新的、创新型技术如下：

（1）排气歧管集成在缸盖。

（2）双喷射系统（直喷和进气歧管喷射）。

（3）新型的紧凑式涡轮增压器模块，带有铸钢涡轮壳体、电动废气泄放阀调节器和涡轮前的λ传感器。

（4）创新温度管理系统，带有全电子式节温器。

一、开发目标

工程师们在开发第三代EA888系列发动机时，最重要的考虑是其要满足EU6的尾气排放标准，并适用于各种模块化平台；在改进基础发动机时，考虑到了降低重量和减小摩擦力。

（一）与模块化平台的匹配

为了能让第三代EA888系列发动机作为“全球发动机”在MLB纵置发动机模块化平台和MQB横置发动机模块化平台上都能使用，其外形尺寸、固定点和连接点都做了修改。

如果该发动机是横置装配在车上的，那么需使用发动机支架和一个机油尺；如果该发动机是纵置装配在车上的，那么需使用发动机支承和一个堵塞，而不是机油尺。

（二）降低 CO_2

为了能达到EU6的排放标准，又能降低 CO_2 排放量，必须采用下述优化和改进措施：

1.减小外形体积或降低转速

（1）有进、排气凸轮轴调节器。

（2）有奥迪气门升程系统（audi valuelift system，AVS）。

2.减小摩擦和降低重量

（1）平衡轴的某部分采用了滚动轴承支承。

（2）主轴承直径变小了。

（3）机油系统的压力降低了。

（4）附加驱动装置的张紧力降低了。

3.缸盖

（1）缸盖上带有集成的排气歧管。

（2）重量减轻了的废气涡轮增压器壳体。

（3）电动废气泄放阀调节器。

4.喷射装置

喷射装置采用FSI和MPI喷油阀。

5.温度管理系统

温度管理系统采用旋转滑阀控制。

（三）减小摩擦

链条张紧器针对降低了的机油压力做了改进，这样就达到了降低摩擦损耗功率的目的。其次，曲轴采用的主轴承直径也减小了，这也能降低摩擦。

无论发动机横置还是纵置，皮带驱动机构都是相同的。但是发电机和空调压缩机是根据车型不同而有所差异的。

二、技术简述

（一）发动机结构形式

（1）直列四缸汽油发动机，采用汽油直喷技术。

（2）采用废气涡轮增压器和增压空气冷却。

（3）链条传动。

（4）平衡轴。

（二）配气机构

（1）四气门技术，两根顶置凸轮轴（double over head camshaft，DOHC）。

（2）进、排气凸轮轴连续调节。

（3）奥迪气门升程系统。

（4）发动机管理系统Simos 12（Continental公司生产）。

（5）智能起停系统和能量回收系统。

（三）混合气准备

（1）全电子发动机管理系统，电子油门。

（2）直喷和进气歧管喷射并用。

（3）自适应λ调节。

（4）特性曲线点火，配以静态高压分配。

（5）可选气缸，自适应保证控制。

任务二　发动机机械部分

发动机缸体的重量不但降低了很多，还在其“冷的”一侧又开出了一个压力机油通道，该机油通道用于电控活塞冷却喷嘴。冷却液回流和机油回流通道的横截面也做了修改，爆震传感器的位置也得到了优化。

为了使平衡轴足够结实，以便用于智能起停系统或者混合动力情形，平衡轴的某部分采用了滚动轴承支承。因此，平衡轴有一处是滑动轴承，两处是滚动轴承。同时，平衡轴的摩擦、重量和惯性也都降低了。该发动机“热的”一侧的机油回流通道完全是重新设计的。

第三代EA888系列发动机，其重量总共减轻了约7.8 kg。为了达到这个目标，工程师们对下面的部件进行了优化，甚至某些部件是首次使用：

（1）薄壁式缸体，取消了单独的机油粗过滤器。

（2）缸盖和涡轮增压器。

（3）曲轴：主轴承直径减小了，有4个平衡重块。

（4）油底壳上部是铝压铸而成的，包括铝制螺栓。

（5）油底壳下部是塑料制成的。

（6）铝制螺栓。

（7）平衡轴某部分采用了滚动轴承支承。

一、缸体

缸体做了根本性的改动，主要目标是降低重量，壁厚从约3.5 mm减至3.0 mm。另外，机油粗过滤器的功能整合到缸体内了。就缸体来讲，与第2代EA888系列发动机相比，总共降低了2.4 kg。内部摩擦所消耗的功率也有所降低。减重所用到的最重要的措施是：减小了主轴承直径和改进了平衡轴的轴承。

与第二代发动机相比，缸体的其他改进之处为：

（1）其“冷的”一侧又开出了一个压力机油通道，该机油通道用于电控活塞冷却喷嘴。

（2）冷却液回流和机油回流通道的横截面也做了修改。

（3）改进了长的发动机水套。

（4）机油冷却器通过缸盖上的冷却液回流来供液。

（5）爆震传感器的位置有所优化。

（6）改进了平衡轴的轴承。

另外，缸体动力输出侧的密封，是通过密封法兰来实现的。该密封法兰采用的是常温固化型密封剂，并用铝制螺栓拧在缸体上。配气机构壳体盖也是用常温固化型密封剂来密封的。

二、油底壳

（一）油底壳上部

油底壳上部是铝压铸而成的，其中用螺栓固定有机油泵和蜂窝式件（用于抽取机油和机油回流）。另外，油底壳上部内还有压力机油通道和双级机油泵的控制阀。

油底壳上部与缸体之间的密封，是采用常温固化型密封剂来实现的。螺栓使用的是铝制螺栓。为了进一步改善发动机的声响特性，主轴承盖与油底壳上部是用螺栓连接的。

（二）油底壳下部

油底壳下部是采用塑料制成的，这样可以降低约1.0 kg的重量。密封采用橡胶成型密封垫来实现，采用钢制螺栓来连接。

油底壳下部内装有机油油面高度和机油温度传感器，放油螺塞也是塑料制的（卡口式连接）。

三、曲柄连杆机构

对于曲柄连杆机构的开发，工程师们将重点放在降低重量和减小摩擦上了。

（一）活塞

活塞间隙增大了，为了减小预热阶段的摩擦。另外，活塞裙有耐磨涂层。

上活塞环在2.0 L发动机上是矩形环，非对称球状；中活塞环为鼻形环；下活塞环为油环（两体式，顶部倒角管状弹性环）。

（二）连杆/活塞销

连杆是裂解式的，连杆大头使用的是二元无铅轴承（与主轴承一样）。另一个重大改进，就是省去了连杆小头内的青铜衬套。因此，整个发动机使用的都是无铅轴承。

无连杆衬套的轴承首次用于轿车发动机上，这是奥迪公司的专利。活塞销在连杆内直接与钢结合在一起，在活塞内直接与铝合金结合在一起。因此，活塞销使用了一种专用的表面涂层，称之为DLC涂层。

（三）曲轴

与第二代发动机相比，第三代发动机主轴承直径从52 mm降至48 mm，平衡重块的数量从8个降至4个。这样的话，可以使重量降低1.6 kg。主轴承的上轴瓦和下轴瓦都是双层无铅轴承，可保证其适用于智能起停的工作模式。

（四）轴承座

主轴承盖与油底壳上部是用螺栓连接在一起的。这个措施在振动和声响方面，改善了发动机的舒适性。

四、链传动机构

链传动机构的基本构造基本就是直接取自第二代发动机，但是也还是有改进的地方。第三代发动机摩擦减小了，且机油需求量也减小了，所以链传动机构所耗费的驱动功率也就减小了。因此，链条张紧器就做了匹配，按较低的机油压力进行适配。

五、平衡轴

平衡轴除了降低了重量外，有几处改成了滚动轴承支承了，这样就可以明显降低摩擦，尤其是在机油温度较低时效果更明显。另外，这个措施对于智能起停模式和混合动力模式的可靠性也具有积极意义。

六、附加装置支架

在发动机的附加装置支架上，集成有机油滤清器支架和机油冷却器支架。该支架内有机油道和冷却液通道（流向机油冷却器），还装有机油压力开关、活塞冷却喷嘴的电控阀以及多楔皮带的张紧装置。

机油滤清器滤芯筒总成易于更换，为了在更换滤清器时不流出机油，一般在松开时会打开一个锁销，这样机油就流回油底壳了。

七、缸盖

第三代发动机的缸盖是完全重新研发的。在配有直喷系统的涡轮增压发动机上，首次在缸盖内集成了废气冷却系统以及废气再循环系统。

气缸盖罩使用钢制螺栓来固定，气缸盖罩的密封采用室温固化型密封剂来实现。

缸体和缸盖之间采用的是三层金属制缸盖密封垫。

正时侧的密封采用的是塑料链条盒盖，盖内还集成有机油加注口盖。

（一）奥迪气门升程系统

开发奥迪气门升程系统，是为了优化换气过程。该系统首次在2006年年末生产的奥迪A6（2.8 L-V6-FSI发动机）上使用。

为了改善扭矩特性，工程师们便将第二代2.0 L-TFSI-发动机所使用过的奥迪气门升程系统（双级气门升程系统）继续沿用至第三代机型上。

（二）凸轮轴调节器

另一项重要改进，就是在排气凸轮轴上也有凸轮轴调节器了。这样在操控换气过程时，就可以达到最大灵活度了。奥迪气门升程系统与排气凸轮轴调节器一起使用，就可满足在全负荷和部分负荷时对于换气的不同需求。其结果就是能快速产生所需力矩。发动机在一个转速很宽的范围内都能获得高达320 N·m的力矩，这样就能与各种变速器传动比配合使用（降低转速），同时也降低了燃油消耗。

八、集成式排气歧管

集成式排气歧管的一个重要改进就是使用了带有点火顺序分隔装置的冷却式排气歧管，该歧管直接集成在缸盖内。

由于使用了这种集成式排气歧管，与普通的歧管相比，涡轮前部的废气温度明显降低。此外，还使用了耐高温涡轮增压器。

通过这种组合，就可以（尤其是在高转速时）基本上取消用于保护涡轮的全负荷加浓工况。因此，在正常行驶工况以及以运动方式驾车行驶时，燃油消耗得到明显降低。

另外，集成式排气歧管还可以使冷却液得到快速预热，因此，该歧管是温度管理的重要组件。

九、曲轴箱排气与通风

曲轴箱排气与通风系统也是经过再研发的，因此，缸体与大气之间的压力比就可按较大的压降来设计，这对降低发动机机油消耗量很有利。另外，还应尽量考虑减少部件数量，因此，在发动机之外，只有一根管子用于导出已净化完成的窜气。

该系统包含：机油粗分离器；机油细分离器（位于气缸盖罩上）；用于导出已净化了的窜气的管子；缸体内的机油回流管（带有位于油底壳蜂窝式件内的止回阀）。

（一）机油粗分离器

机油粗分离器是缸体的组成部分，其功能是让窜气气流在一个迷宫式结构中改变方向，这样就可以分离出一部分机油。分离出的机油经缸体内的回流通道流回到油底壳中，该通道的末端在机油液面以下。

（二）机油细分离器

经过粗分离后的窜气从缸体内经缸盖内的一个通道被引入到机油细分离器模块。窜气先在旋流式分离器中进行净化，旋流式分离器所分离出的机油通过缸体内的一个独立通道流回油底壳，该通道的末端在机油液面以下。净化后的窜气流经单级燃烧压力调节阀，该阀与外界空气存在着100 mbar的压差。在何处引入窜气，是由空气供给系统的压力比决定的。

在经过机油细分离器和压力调节阀后，被净化了的窜气被送回气缸进行燃烧，气体控制是通过止回阀（集成在机油细分离器模块内）来自动进行的。止回阀的作用是：在压力比不利的情况下，防止机油从油底壳中被抽出。在急加速工况下，油

底壳内的机油发生倾斜，使机油回流口露出，但由于该阀也是个惯性阀，从而会封住机油回流通道。发动机停机时，止回阀回到其初始位置，这时朝废气涡轮增压器方向的止回阀是打开着的，朝进气歧管方向的止回阀是关闭着的。

（三）曲轴箱通风

曲轴箱通风装置与机油细分离器和压力调节阀合成在一个模块中，安装在气缸盖罩上。

曲轴箱通风是通过连接在涡轮前方的通风管和曲轴箱通风阀内的一个计量孔来实现的。因此，该通风系统只在自然吸气模式时才进行通风。

任务三　发动机各系统结构及技术特点

一、机油供给系统

（一）机油供给

1.重点改进

（1）优化了机油供给系统的压力机油通道，这样在容积增大的同时又减小了压力损失。

（2）降低了压力机油段的压力损失。

（3）扩大了较低压力时的转速范围。

（4）较低压力时机油压力下降。

（5）可控式活塞冷却喷嘴。

综合来看，这些措施明显降低了发动机的内摩擦。燃油消耗也因此再次降低。

2.可调机油泵

该机油泵的基本功能与第二代发动机所使用的泵是一样的，但是有如下变化：

（1）泵内的液压调节经过进一步开发，对该泵的控制更加精确。

（2）泵的传动比有所变化，运行得更慢，i=0.96。

（二）机油加注盖

机油加注盖安装在链条盒内，它的优势在于：开、关轻便，且能使发动机舱与外界可靠而不漏油的隔离。

与旧的结构相比，密封件与卡口式连接之间有个功能分离区。弹性材料制成的矩形密封圈的密封面很小。另外，在将此盖装到发动机上时，密封圈与盖之间不会发生相对运动。使用这种新型结构，可使操纵力降至最低。卡口式锁紧结构使得盖子无论锁止在哪个90°位置都不会丢失。

（三）可控式活塞冷却喷嘴

活塞顶并不是在任何工况下都需要冷却的。有针对性地关闭活塞冷却喷嘴，可进一步降低燃油消耗。取消了弹簧加载的活塞冷却喷嘴的另一个原因是：总体机油压力级很小。

1.组成

（1）缸体内额外加的压力机油通道。

（2）无弹簧阀的新式活塞冷却喷嘴，有两种不同的内径，1.8 L-TFSI-发动机的是较小直径的喷嘴。

（3）机油压力开关。

（4）活塞冷却喷嘴控制阀N522。

（5）机械式切换阀。

2. 活塞冷却喷嘴的特性曲线

活塞冷却喷嘴只有在需要时才接通，这个需求的计算是在发动机控制单元内的一个专用特性曲线中来进行的。活塞冷却喷嘴在低压阶段和高压阶段都可以接通。

计算要用到的重要的参数有：

（1）发动机负荷。

（2）发动机转速。

（3）计算出的机油温度。

二、冷却系统

在对发动机进行进一步改进时，工程师们对整个冷却循环系统也做了修改。主要有这几项内容：发动机的快速预热，通过快速且经热力学方面优化的发动机温度调节来实现降低油耗，以及在需要时给乘员舱加热。

创新温度管理是针对发动机和变速箱的一项智能冷起动和暖机程序。它可实现全可变发动机温度调节，对冷却液液流进行目标控制。

创新温度管理的两个重要部件是：集成在缸盖内的排气歧管和发动机温度调节执行元件N493。创新温度管理是作为一个模块与水泵一起安装在发动机较冷的一侧。

下面简要介绍一下发动机温度调节执行元件N493（旋转滑阀）的功能。

发动机温度调节执行元件N493在1.8 L和2.0 L排量发动机上，无论纵置和横置都是一样的，采用两个机械连接的旋转滑阀来调节冷却液液流。旋转滑阀角度位置的调节是按照发动机控制单元内的各种特性曲线来进行的。

通过调节旋转滑阀的相应位置，就可实现不同的切换状态。因此，使发动机快速预热，就可减小摩擦（降低油耗）。另外，其可让发动机温度在85～107 ℃之间变动。

旋转滑阀结构功能图如图8-2所示。

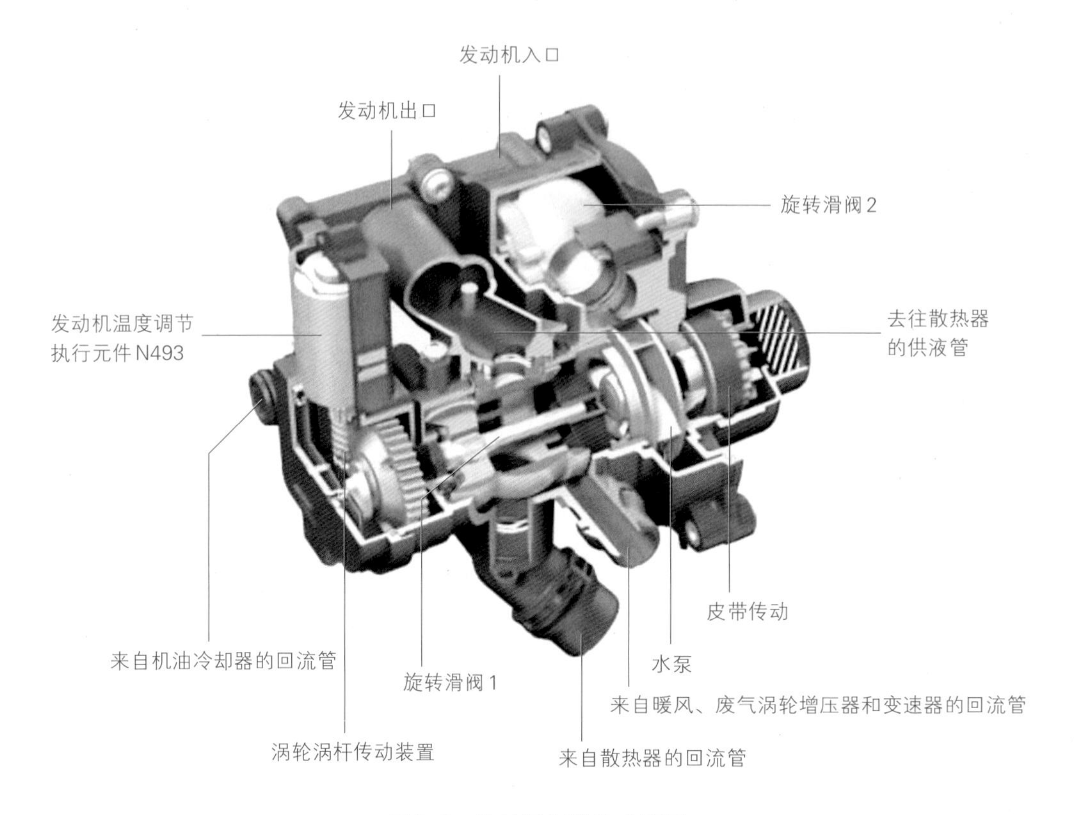

图8-2 旋转滑阀结构功能图

一个直流电机驱动旋转滑阀转动，该电机由发动机控制单元通过PWM信号（12 V）来操控，操控频率为1000 Hz。这里操控信号是个数字信号，从结构上讲，其像CAN-总线信号。这个操控过程一直持续进行着，直至到达发动机控制单元给出的位置。正的操控信号（诊断仪上的测量值）表示旋转滑阀在向打开的方向转动。电机通过一个很结实的蜗轮蜗杆传动装置来驱动旋转滑阀1，这样就能控制机油冷却器、缸盖以及主散热器中的冷却液液流。变速器机油冷却器、废气涡轮增压器和暖风回流管不进行调节。

旋转滑阀2是通过一个滚销齿联动机构与旋转滑阀1相连的。该联动机构的结构为：旋转滑阀2在特定角度位置会与旋转滑阀1联上和脱开。旋转滑阀2的旋转运动（打开流经缸体的冷却液液流）在旋转滑阀1转角约为145°时开始。在旋转滑阀1转角约为85°再次脱开，此时旋转滑阀2达到了其最大转动位置，缸体内的冷却液循环管路被完全打开。旋转滑阀的运动，会受到机械止点的限制。

发动机越热，旋转滑阀的转动也就越大，这样不同的横断面也就有不同的流量了。

为了能准确识别旋转滑阀的位置以及功能故障，工程师们就在旋转滑阀的控制电路板上装了一个旋转角度传感器，该传感器将数字电压信号发送给发动机控制单

元。旋转滑阀1的位置可用诊断仪测量读出。

三、空气供给和增压系统

（一）进气歧管

由于增压压力较高，所以工程师们对集成的进气歧管翻板系统进行了彻底的修改。弯曲的单体式不锈钢轴，可以为进气道内的凹形翻板提供最大的抗扭性。通过进气歧管翻板电位计（非接触式转角传感器）来识别翻板位置。

凹形翻板在打开状态时是绷紧在基体上的，这样就可以将气流的冲动降至最小。该轴由发动机控制单元借助真空单元（双位控制），经进气歧管翻板阀N316以电控气动方式操控。

（二）废弃涡轮增压器

增压系统使用的是全新开发的单进气口式废气涡轮增压器。

采用单进气口式废气涡轮增压器，可以改善全负荷特性，尤其是在较高转速工况时。气缸盖上废气出口采用双流式通道布置，在废气涡轮增压器中一直延伸到紧靠涡轮的前面。这样总体上可以实现将点火顺序尽可能好的分开（四个分成两个一组）。

这种废气涡轮增压器有如下特点：

（1）电控泄放阀调节器（增压压力调节器V465和增压压力调节器的位置传感器G581）。

（2）λ传感器在涡轮前面（λ传感器G39）。

（3）小巧的铸钢涡轮壳体，带有双流式入口，直接用法兰固定在缸盖上。

（4）压气机壳体带有一体式的脉动消声器和电控循环空气阀（涡轮增压器循环空气阀N249）。

（5）抗高温涡轮，最高可承受980 ℃。

（6）壳体带有机油和冷却液通用接口。

（7）铣削的压气机转子使得转速更稳、噪声更小。

（8）涡轮是混流式的，用Inconel713C合金制造。

四、燃油系统

（一）混合气形成/双喷射系统

直喷汽油发动机所排出的细微炭烟颗粒，要比当前的柴油发动机高出10倍，因此，工程技术人员开发了双喷射系统。

双喷射系统可实现下述目标：

（1）将系统压力从150 bar提高到200 bar。

（2）改善噪声。

（3）达到EU6关于颗粒质量和数量的要求。

（4）降低废气排放（尤其是CO_2），使之符合当前和将来的排放要求。

（5）适应另加的进气歧管喷射系统要求。

（6）降低部分负荷时的燃油消耗（这时使用MPI喷射比较有利）。

1.MPI喷射系统

MPI系统通过高压泵的冲洗接口来获得燃油供给，因此，在以MPI工况工作时，高压泵就可继续由燃油来冲洗并冷却。为了尽量减小脉动（高压泵会把这个脉动引入到油轨），在高压泵的冲洗接口中集成有一个节流阀。

MPI系统配有自己的压力传感器，即低压燃油压力传感器G410，按需要的压力供油并由燃油箱内的预供油燃油泵G6来提供。预供油燃油泵G6由燃油泵控制单元J538经发动机控制单元来操控。MPI油轨由塑料制成。MPI喷油阀（N532–N535）安装在塑料进气歧管中，按最佳射束方向布置。

2.高压喷射系统

为了应对系统压力高达200 bar这种情况，高压区的所有部件都做了改进。于是，喷油阀经钢质弹簧片与缸盖断开（指声响方面）。同样，高压油轨与进气歧管也断开，且与缸盖是用螺栓连接的。高压喷油阀的位置略微向后移动。

因此，混合气的均匀程度得到了改善，阀的温度负荷有效降低。为了使发动机在今后都采用相同的调节方式，便对调节方式再次做了改变。调节方式基本原则为：当拔下燃油压力调节阀N276的插头后，高压区将不再形成压力（建压）。

（二）工作模式

发动机工作时是采用MPI模式还是FSI模式，是通过特性曲线内的计算来决定的。为了使得炭烟排放、机油稀释以及爆震趋势都很低，喷射（MPI或者FSI）的数量和种类在热力学方面均已得到优化，改变了混合气形成的状态。为此，便需要专门针对喷油时刻和喷油持续时间长度进行适配。

在发动机冷机工况下（冷却液温度低于45 ℃且取决于机油温度情况），可一直使用直喷方式来工作（每次发动机起动时使用的也是直喷方式）。

长时间使用MPI模式工作时，为了防止高压喷油阀内的燃油烧焦，便增加了冲洗功能，这一功能会短时激活FSI模式。

任务四　第三代EA888系列发动机拆装步骤

一、安全提示

（一）在高电压系统上作业时的安全措施

1. 接触高电压有致命危险

高电压系统处于高电压下，电击或电弧可能会造成死亡或重伤。

（1）在高电压系统上作业时必须切断高电压系统的电压。

（2）进行不直接涉及高电压系统的作业时，在某些情况下同样要切断高电压系统的电压。

（3）请注意那些必须切断电压进行的工作。

（4）由奥迪高电压技师或奥迪高电压专家切断高电压系统的电压。

2. 发动机意外起动有造成人身伤害的危险

很难识别电动汽车和混合动力汽车是否已激活行驶准备状态，这可能会造成人身伤害。

（1）关闭点火开关。

（2）将点火钥匙保存在车辆外部。

3. 高电压导线有损坏的危险

错误操作会损坏高电压导线的绝缘或高电压插头。

（1）切勿在高电压导线或高电压插头上支撑。

（2）切勿将工具支撑在高电压导线或高电压插头上。

（3）切勿用力弯曲或折叠高电压导线。

（4）插接高电压插头时要注意编码。

4. 激活的驻车空调有受伤危险

如果电动和混合动力车激活了驻车空调，则驻车空调可能会意外接通。自行起动的散热器风扇可能会夹住或卷入肢体。

操作时请停用驻车空调。

5. 电场和磁场会带来致命危险

高电压系统上会产生电场和磁场，有源植入物（例如心脏起搏器、胰岛素泵）功能失效时可能导致操作者死亡或重伤。

带有源植入物的人员不允许在高电压系统上作业。

（二）在高电压组件附近操作时的安全措施

接触高电压有致命危险。

高电压系统处于高电压下。高电压元件和高电压导线损坏时，电击或电弧可能会造成操作者死亡或重伤。

（1）对高电压组件和高电压导线进行目视检查。

（2）在高电压组件和高电压导线区域内，切勿使用会产生金属屑、形成变形和边缘锋利的工具。

（3）在高电压组件和高电压导线区域内，切勿进行焊接、钎焊、热黏接或使用热空气。

二、维修提示

（一）在高电压蓄电池上作业时的清洁规定

即使高电压蓄电池中有微小的污物也可能导致损坏，因此，请注意下列清洁规定:

（1）不得在脏污可能进入高电压蓄电池的相连工位作业。

（2）必须立即抽吸出拧紧过程中产生的碎屑。

（3）将拆下的部件放在干净垫板上并盖住，不要使用含纤维的抹布。

（4）如果无法立即进行维修，则仔细地将已打开的部件盖住或封住。

（5）只能安装干净的零件：只有在即将安装时，才将配件从外包装中取出。不允许使用没有包装的（例如工具箱中的）零件。

（6）断开的电插头和螺栓连接应避免脏污和受潮。

（二）在带高电压系统汽车上的喷漆操作

在车漆维修操作中，烘干炉或其预热区中的温度不得超过55 ℃。

三、发动机、气缸、曲轴箱

（一）拆卸和安装发动机

1.拆卸发动机

（1）拆卸电机，不带颗粒滤清器的汽车。

（2）拆卸电机，带颗粒滤清器的汽车。

（3）拆卸发动机，带高电压系统的汽车。

2.脱开发动机和变速箱

3.将发动机从剪式升降台上取下

4.将发动机固定在发动机和变速箱支架上

5.安装发动机

（1）安装发动机，无高压电系统的汽车。

（2）安装发动机，带高压系统的汽车。

（二）动力机组支承

1.动力机组支承

2.将发动机卡在安装位置

3.拆卸和安装发动机支座

（1）拆卸和安装发动机支座，无高压电系统的汽车。

（2）拆卸和安装发动机支座，带高压电系统的汽车。

（3）拆卸和安装支承座。

4.拆卸和安装变速箱支座

（三）发动机罩

四、发动机曲轴驱动，活塞

（一）皮带盘侧气缸体

1.拆卸和安装多楔带

2.拆卸和安装多楔带张紧装置

3.拆卸和安装减振器

4.拆卸和安装辅助机组支架

5.拆卸和安装发动机支撑

（1）拆卸和安装左侧发动机支撑，无高压电系统的汽车。

（2）拆卸和安装左侧发动机支撑，带高压电系统的汽车。

（3）拆卸和安装右侧发动机支撑。

（二）变速箱侧气缸体

（三）曲轴

（四）平衡轴

（五）活塞和连杆

五、发动机气缸盖、气门机构

（一）正时链盖板

（二）链条传动机构

（三）气缸盖

1.拆卸和安装气缸盖

（1）拆卸和安装气缸盖，不带颗粒滤清器的汽车。

（2）拆卸和安装气缸盖，带颗粒滤清器的汽车。

（3）拆卸和安装气缸盖，带高电压系统的汽车。

2.检查压缩压力

（四）气门机构

1.拆卸和安装凸轮轴

（1）拆卸和安装凸轮轴，不带颗粒滤清器的汽车。

（2）拆卸和安装凸轮轴，带颗粒滤清器的汽车。

2.安装滑块球头

3.拆卸和安装凸轮轴调节执行元件

4.拆卸和安装凸轮轴调节阀

5.拆卸和安装气门杆密封件

（五）进气门和排气门

六、发动机润滑

（一）油底壳、机油泵

1.发动机机油

2.拆卸和安装油底壳下部件

3.拆卸和安装机油泵

4.拆卸和安装油底壳上部件

5.拆卸和安装油位与油温传感器G266

（二）发动机机油散热器

（三）曲轴箱排气

（四）机油滤清器、机油压力开关

1.拆卸和安装机油压力开关F22

2.拆卸和安装低压机油压力开关F378

3.拆卸和安装机油压力开关，3挡F447

（1）拆卸和安装机油压力开关，3挡F447，不带高电压系统的汽车。

（2）拆卸和安装机油压力开关，3挡F447，带高电压系统的汽车。

4.拆卸和安装机油压力调节阀N428

5.拆卸和安装活塞冷却喷嘴控制阀N522

6.检查机油压力

七、发动机冷却

（一）冷却系统/冷却液

1.冷却液软管

2.检查冷却系统的密封性

3.排出和添加冷却液

（二）冷却液泵/冷却液调节装置

1.拆卸和安装电动冷却液泵

2.拆卸和安装冷却液泵

3.拆卸和安装冷却液泵齿形皮带

4.拆卸和安装发动机温度调节执行元件N493

5.拆卸和安装冷却液温度传感器G62

6.拆卸和安装散热器出口处的冷却液温度传感器G83

7.拆卸和安装冷却液阀

（三）冷却液管

1.拆卸和安装冷却液管

2.拆卸和安装变速箱冷却液管

（四）散热器/散热器风扇

参考文献

[1] 陈家瑞. 汽车构造 [M]. 4版. 北京：人民交通出版社，2005.

[2] 谭本忠. 汽车传感器维修图集 [M]. 北京：机械工业出版社，2009.

[3] 李勇. 汽车发动机结构与拆装 [M]. 北京：北京理工大学出版社，2019.

[4] 冯益增. 汽车发动机检修 [M]. 北京：北京理工大学出版社，2019.

[5] 杨波，张莉，白秀秀，等. 汽车发动机构造与维修 [M]. 2版. 北京：北京理工大学出版社，2023.

[6] 刘冬生，金荣，袁涛生，等. 汽车发动机构造与维修 [M]. 2版. 北京：机械工业出版社，2023.